AF306570

Ahmed Saeed Kabbashi

Atividade biológica de algumas plantas medicinais sudanesas

Ahmed Saeed Kabbashi

Atividade biológica de algumas plantas medicinais sudanesas

Actividades antiamoébica, antigiardial, antioxidante e citotoxicidade de algumas plantas medicinais sudanesas

ScienciaScripts

Imprint

Any brand names and product names mentioned in this book are subject to trademark, brand or patent protection and are trademarks or registered trademarks of their respective holders. The use of brand names, product names, common names, trade names, product descriptions etc. even without a particular marking in this work is in no way to be construed to mean that such names may be regarded as unrestricted in respect of trademark and brand protection legislation and could thus be used by anyone.

Cover image: www.ingimage.com

This book is a translation from the original published under ISBN 978-3-659-82303-9.

Publisher:
Sciencia Scripts
is a trademark of
Dodo Books Indian Ocean Ltd. and OmniScriptum S.R.L publishing group

120 High Road, East Finchley, London, N2 9ED, United Kingdom
Str. Armeneasca 28/1, office 1, Chisinau MD-2012, Republic of Moldova, Europe
Printed at: see last page
ISBN: 978-620-8-08692-3

Índice

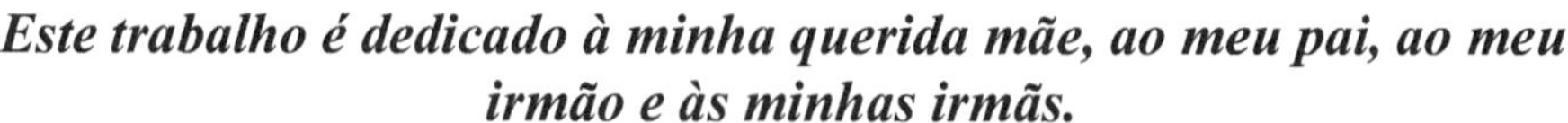

Dedicação

Este trabalho é dedicado à minha querida mãe, ao meu pai, ao meu irmão e às minhas irmãs.

Ahmed Saeed Ali Kabbashi, 2016.

Agradecimentos

Em primeiro lugar, estou grato a **Deus** Todo-Poderoso, Misericordioso, Omnipotente, Omnipresente e Omnisciente, pela ajuda e bênção que me deu para poder concluir este estudo.

Dr. Ebadri **Elamin Osman**, Universidade Elsheikh Abdallah Elbadri, Berber, Sudão, por ter sugerido o problema, pelo seu grande interesse, paciência e orientação deste trabalho desde a ideia até à conclusão do manuscrito.

Do mesmo modo, os meus agradecimentos são extensivos ao Dr. Waleed **Sayed Koko**, Professor Associado de Microbiologia e Parasitologia. Instituto de Investigação de Plantas Medicinais e Aromáticas e Medicina Tradicional (MAPTMRI), Cartum, Sudão, pela sua orientação e pela assistência infinita que prestou durante o trabalho prático no seu laboratório.

Gostaria de exprimir os meus profundos agradecimentos ao **Dr. Nadir Musa Khalil Abuzeid**, Professor Assistente de Microbiologia Médica de Omdurman, Diretor do Departamento de Microbiologia Médica, Universidade Islâmica de Omdurman, Faculdade de Ciências Laboratoriais Médicas, Departamento de Microbiologia Médica, Omdurman, Sudão.

Expresso a minha gratidão à Sra. **Mohammed Ismail Garbi e** a **Mahmmoud Saifeldeen Saleh,** Departamento de Microbiologia, Faculdade de Ciências Médicas Laboratoriais, Universidade Internacional de África, Cartum, Sudão.

Agradeço também ao Prof. Dr. Aisha. **Zoheir Al Magboul**, diretora formal do Instituto de Investigação de Plantas Medicinais e Aromáticas e Medicina Tradicional (MAPTMRI), Cartum, Sudão, pelos seus incentivos e conselhos.

Estou em dívida para com o Sr. **Mahmmoud Mohammed Dahab**, Departamento de Microbiologia, Faculdade de Ciências Puras e Aplicadas, Universidade Internacional de África, Cartum, Sudão, pela sua ajuda na recolha de amostras de parasitas. De igual modo, estou em dívida para com a equipa de microbiologia do Hospital Bashaer.

Agradeço também à equipa técnica do Instituto de Investigação de Plantas Medicinais e Aromáticas e Medicina Tradicional (MAPTMRI), Cartum, Sudão, especialmente a **Omer Mohammed, Mohamed Abass, Ahmed Osman, Mohammed Omer, Etayeb Fadul e Arwa Muslim** pela sua inestimável assistência durante este trabalho.

AHMED SAEED ALIKABBASHI 2016.

Resumo

Este estudo foi realizado para investigar as actividades anti-amebianas e anti-giárdicas *in vitro* de quatro plantas sudanesas (folhas de *Acacia nilotica* e *Adansonia digitata*), (sementes de *Nigella sativa*) e (plantas inteiras de *Cyperus rotundus*) em comparação com o metronidazol (medicamento padrão) utilizado para o tratamento da amebíase e da giardíase.

A E. histolytica e *a G. lamblia* utilizadas nas experiências foram colhidas de doentes do Hospital Ibrahim Malik (Cartum). Todas as amostras colhidas foram examinadas através da preparação de montagens húmidas; as amostras positivas foram transportadas para o laboratório em meio de caldo nutriente. Os trofozoítos (na fase logarítmica de crescimento) foram mantidos em meio RPMI 1640 contendo 5% de soro bovino a $37 \pm 1°C$.

Os trofozoítos foram cultivados nas amostras de plantas (500, 250 e 125 pg/ml) seguindo o método de subcultura. A mortalidade dos trofozoítos foi seguida durante 4 dias para *E. histolytica* e *G. lamblia*. Todas as plantas estudadas são mais activas como antiamoébicas e antigiardiais do que o metronidazol.

Todas as plantas utilizadas exibiram 100% de mortalidade contra trofozoítos de *Entamoeba histolytica* a uma concentração de 500 pg/ml após 96 horas; isto foi comparado com o metrondizole que deu 98% de mortalidade de trofozoítos a uma concentração de 312,5 pg/ml ao mesmo tempo.

Todas as plantas utilizadas exibiram 100% de mortalidade contra trofozoítos *de G. lamblia* a uma concentração de 500 pg/ml após 96 horas; isto foi comparado com o metrondizol que deu 96% de mortalidade de trofozoítos a uma concentração de 312,5 pg/ml ao mesmo tempo.

As actividades de eliminação de radicais das plantas foram determinadas utilizando o ensaio de eliminação de radicais DPPH. Todas as plantas mostraram uma atividade de eliminação que variou de (13 a 70%) em comparação com o controlo (Propilgalato) que deu (91%). E a atividade quelante de ferro das plantas, deu uma atividade moderada de quelante de ferro (13 a 40%) em comparação com o controlo (EDTA) deu (98%).

Além disso, citotoxicidade (ensaio MTT) na linha celular Vero normal com diferentes concentrações (500, 250 e 125 ppm) em comparação com triton-x100 (o controlo de referência). Todas as plantas testadas verificaram a segurança do extrato examinado com um IC_{50} inferior a 100 pg/ml.

Lista de abreviaturas

RPMI   Roswell Park Memorial Institute

CRPMI   Complete Roswell Park Memorial Institute

MEM   Minimal Essential Medium

FBS   Fetal Bovine Serum

DPPH   2, 2-Diphenyl-1-picrylhydrazyl

B. C.   Before Christ

PBS   Phosphate Buffer Saline

DMSO   Dimethylsulfoxide

IC_{50}   The concentration of sample required for 50% inhibition

MTT   3-(4,5-Dimethylthiazole-2-yl)-2,5-diphenyltetrazolium bromide

WHO   World Health Organization

SD   Standard Deviation

CAPÍTULO 1: INTRODUÇÃO E REVISÃO DA LITERATURA

1.1 Introdução:

As plantas medicinais continuam a ser uma fonte inestimável de recursos naturais de medicamentos seguros, menos tóxicos, mais baratos, disponíveis e fiáveis em todo o mundo. As pessoas no Sudão e noutros países em desenvolvimento têm confiado em preparações tradicionais à base de plantas para se tratarem. Por conseguinte, é útil investigar o potencial das plantas locais contra estas doenças incapacitantes (Amaral *et al.*, 2006; Koko *et al.*, 2008).

Os produtos naturais, especialmente as plantas, têm sido utilizados para o tratamento de várias doenças há milhares de anos. As plantas terrestres têm sido utilizadas como medicamentos no Egito, na China, na Índia e na Grécia desde a antiguidade, tendo sido desenvolvido a partir delas um número impressionante de medicamentos modernos. Os primeiros registos escritos sobre a utilização de plantas para fins medicinais surgiram por volta de 2600 a.C., pelos sumérios e acádios. O "Papiro de Ebers", o registo farmacêutico egípcio mais conhecido, que documenta mais de 700 medicamentos, representa a história da medicina egípcia datada de 1500 a.C. A Matéria Médica Chinesa, que descreve mais de 600 plantas medicinais, foi bem documentada com o primeiro registo datado de cerca de 1100 a.C. A documentação do sistema ayurvédico registada em Susruta e Charaka data de cerca de 1000 a.C. Os gregos também contribuíram substancialmente para o desenvolvimento racional dos medicamentos à base de plantas (Mohammed, 2006).

Entamoeba histolytica e *Giardia lamblia* são protistas microaerófilos, que causam disenteria e diarreia, respetivamente (Adam, 2001 & Huston e Petri, 2001). Cada um é um protista unicelular com um estágio de trofozoíto móvel e um estágio de cisto imóvel. Em muitos outros aspectos, a ameba e a giárdia são bastante diferentes. As amebas têm um único núcleo diploide, enquanto a giárdia tem dois núcleos semelhantes. Enquanto as amebas se deslocam ao longo das superfícies através de um rastejamento mediado por actina-miosina, *as giárdias* nadam através do batimento síncrono de flagelos e aderem às superfícies através de um disco ventral único.

A Entamoeba histolytica, um protozoário parasita, ocorre em todo o mundo (Kreidl *et al.*, 1999). É um parasita protozoário anaeróbio entérico que causa cerca de 50 milhões de infecções com uma taxa de mortalidade de mais de 100.000 por ano em todo o mundo (OMS, 1997; Jackson, 1998; Zlobl, 2001 & Fotedar *et al.*, 2007). A amebíase é a infeção do trato gastrointestinal humano por *Entamoeba histolytica*

(*E.histolytica*), um protozoário parasita capaz de invadir a mucosa intestinal e que pode espalhar-se para outros órgãos, principalmente o fígado, o que geralmente leva a um abcesso hepático amebiano. Esta infeção continua a ser uma causa significativa de morbilidade e mortalidade em todo o mundo. (Samuel *et al.*, 2001).

A amebíase pode ter sido reconhecida pela primeira vez como uma doença mortal por Hipócrates (460 a 377 a.C.), que descreveu um doente com febre e disenteria (Clark *et al.*, 2000). A infeção é comum nos países em desenvolvimento e afecta predominantemente indivíduos com más condições socioeconómicas, práticas não higiénicas e má nutrição (Walsh, 1986).

A Giardia lamblia é uma das principais causas de diarreia nos seres humanos (Lauwaet *et al.*, 2010). Trata-se de um protozoário flagelado com distribuição mundial que causa doenças gastrointestinais significativas numa grande variedade de vertebrados, incluindo gatos e seres humanos (Scorza *et al.*, 2004). A giardíase é uma das protozooses intestinais que causam problemas de saúde pública na maioria dos países em desenvolvimento, bem como nalguns países desenvolvidos. *A Giardia lamblia* é considerada um dos principais agentes causadores de diarreia, tanto em crianças (Noor Azian *et al.*, 2007; Dib *et al.*, 2008 & Addy *et al.*, 2004) como em adultos (Ayeh-Kumi *et al.*, 2009 & Nyarango, 2008).

Estima-se que cerca de duzentos milhões de pessoas estejam cronicamente infectadas com *Giardia lamblia* a nível mundial e que 500 000 novos casos sejam registados anualmente (OMS, 1998). A prevalência da doença varia de 2% a 5% nos países desenvolvidos e de 20% a 30% nos países em desenvolvimento. A variação da prevalência depende de factores como a área geográfica, o contexto urbano ou rural da sociedade, a composição do grupo etário e o estatuto socioeconómico (Flanagan, 1992).

Assim, com o objetivo de procurar novos agentes anti-amebianos, antigiardiais, antioxidantes e menos citotóxicos, foram selecionadas quatro plantas medicinais sudanesas (folhas de *Acacia nilotica* e *Adansonia digitata*), (sementes de *Nigella sativa*) e (plantas inteiras de *Cyperus rotundus*) utilizadas para o tratamento de sinais clínicos associados à amebíase e à giradíase, tais como doenças venéreas, para serem avaliadas quanto à atividade dos extractos brutos de etanol contra os trofozoítos de *E. histolytica* e os trofozoítos de *G. lamblia in vitro*.

1.2 Objectivos do estudo:

Os objectivos deste trabalho de estudo são:

1. Rastreio da atividade antiprotozoária de algumas plantas medicinais sudanesas contra *Entamoeba histolytica* e *Giardia lamblia*.

2. Comparar a atividade antiprotozoária do mel com a do medicamento padrão "Metronidazol".

3. Avaliar a sua atividade antioxidante utilizando dois métodos que foram 2, 2-Difenil-1-picrilhidrazil (DPPH) e métodos de quelação de ferro.

4. Investigar a citotoxicidade de algumas plantas medicinais sudanesas.

1.3 Revisão da literatura:

1.3.1 Plantas medicinais:

1.3.1.1 Introdução:

As comunidades humanas, e em particular as rurais, possuem conhecimentos e crenças ambientais que permitem a sua sobrevivência através de uma gestão particular dos recursos naturais, e que facilitam a sua integração no meio natural. Este conhecimento é preservado e transmitido através de gerações e inclui o consumo de plantas medicinais. O cuidado e a manutenção da saúde são duas das principais preocupações das pessoas, independentemente das particularidades das diferentes culturas. Neste sentido, nas comunidades rurais a vegetação circundante é a principal fonte de recursos, incluindo os produtos medicinais (Cecília *et al.*, 2010).

Os produtos naturais, especialmente as plantas, têm sido utilizados para o tratamento de várias doenças há milhares de anos. As plantas terrestres têm sido utilizadas como medicamentos no Egito, na China, na Índia e na Grécia desde a antiguidade, tendo sido desenvolvido a partir delas um número impressionante de medicamentos modernos. Os primeiros registos escritos sobre a utilização de plantas para fins medicinais surgiram por volta de 2600 a.C., pelos sumérios e acádios. O "Papiro de Ebers", o registo farmacêutico egípcio mais conhecido, que documenta mais de 700 medicamentos, representa a história da medicina egípcia datada de 1500 a.C. A Matéria Médica Chinesa, que descreve mais de 600 plantas medicinais, foi bem documentada com o primeiro registo datado de cerca de 1100 a.C. A documentação do sistema ayurvédico registada em Susruta e Charaka data de cerca de 1000 a.C. Os gregos também contribuíram substancialmente para o desenvolvimento racional dos medicamentos à base de plantas (Mohammed, 2006).

Mais de três quartos da população mundial depende principalmente de plantas e extractos de plantas para os cuidados de saúde. Mais de 30% de todas as espécies de plantas foram utilizadas, numa ou noutra altura, para fins medicinais. Assim, a importância económica das plantas medicinais é muito maior para países como a Índia do que para o resto do mundo (Joy *et al.*, 1998).

No passado, as pessoas dependiam exclusivamente de remédios à base de plantas ou da medicina tradicional. Também utilizavam algumas plantas silvestres para cosméticos e perfumaria, extraindo os óleos com métodos primitivos. No entanto, nos últimos anos, as plantas medicinais têm representado uma fonte primária de saúde para a indústria farmacêutica.

As plantas e outros organismos vivos têm um grande potencial para tratar as doenças humanas. Existem dois tipos distintos de investigação biomédica que exploram o valor das plantas medicinais tradicionalmente utilizadas, que constituem os únicos medicamentos disponíveis para a maioria das pessoas nos países pobres. Os estudos sobre estas plantas têm o potencial de determinar 4
quais as plantas mais potentes, otimizar a dosagem e as formas de dosagem e identificar os riscos de segurança. Outro tipo de investigação utiliza bioensaios para identificar moléculas únicas de plantas que têm bioactividades interessantes isoladamente e que podem ser compostos líderes úteis para o desenvolvimento de medicamentos (WLB, 2011).

As plantas desenvolveram a capacidade de sintetizar compostos químicos que as ajudam a defender-se do ataque de uma grande variedade de predadores, como insectos, fungos e mamíferos herbívoros. Por acaso, alguns destes compostos, embora sejam tóxicos para os predadores de plantas, acabam por ter efeitos benéficos quando utilizados no tratamento de doenças humanas. Estes metabolitos secundários têm uma estrutura muito variada, de acordo com os principais grupos químicos. Até à data, foram isolados pelo menos 12.000, um número estimado em menos de 10% do total (Tapsell, 2006).

As funções dos metabolitos secundários são variadas. Por exemplo, alguns metabolitos secundários são toxinas utilizadas para dissuadir a predação e outros são feromonas utilizadas para atrair insectos para a polinização. As fitoalexinas protegem contra ataques de bactérias e fungos. Os aleloquímicos inibem as plantas rivais que estão a competir pelo solo e pela luz. As plantas medicinais contêm substâncias químicas biologicamente activas, tais como cumarinas, óleos voláteis, alcalóides, terpenos, flavonóides, etc. Para além destas substâncias, as plantas contêm outros compostos químicos. Estes podem atuar como agentes de prevenção dos efeitos secundários indesejáveis das substâncias activas principais ou das substâncias activas ou ajudar na assimilação das substâncias principais (FAO, 1997).

1.3.1.2 Plantas medicinais sudanesas:

O Sudão representa um dos maiores países africanos e caracteriza-se por uma flora rica descrita por muitos botânicos. Observaram que a medicina herbal sudanesa representa uma mistura única de culturas indígenas com culturas egípcias, árabes, da África Ocidental e Oriental. Numa tentativa de recolher informações sobre a biologia e a fitoquímica das plantas medicinais sudanesas, é importante recolher informações sobre as plantas utilizadas pelos herboristas em diferentes partes do Sudão. A partir das observações de muitos botânicos que trabalham no domínio das plantas medicinais, é necessário muito trabalho para identificar as espécies que são utilizadas pelos herboristas tradicionais ao longo dos anos para curar alimentos específicos. Isto pode ser conseguido incentivando os botânicos e médicos interessados no Sudão a recolher informações das suas respectivas regiões, trabalhando em estreita colaboração com os herboristas estabelecidos (Huda, 2007).

1.3.1.3 Medicina tradicional (MT):

Geralmente definido como a soma total de todos os conhecimentos e práticas, explicáveis ou não, utilizados no diagnóstico, prevenção e eliminação de desequilíbrios físicos, mentais ou sociais. Baseia-se exclusivamente na experiência prática e na observação transmitida de geração em geração, quer verbalmente quer por escrito (Sekagya *et al.*, 2006).

A medicina tradicional é um termo utilizado para designar tanto os sistemas de MT, como a medicina tradicional chinesa, a ayurveda indiana e a medicina unani árabe, como várias formas de medicina indígena. As terapias da MT incluem terapias medicamentosas, se envolverem a utilização de partes de animais à base de plantas e/ou minerais, e terapias não medicamentosas, se forem realizadas principalmente sem a utilização de medicamentos, como no caso da acupunctura, terapias manuais e terapias espirituais (OMS, 2002).

Práticas medicinais tradicionais ou populares baseadas na utilização de partes de plantas e extractos de plantas. O herbalismo é também conhecido como medicina botânica, herbalismo médico, medicina herbal, herbologia e fitoterapia (Acharya & Shrivastava, 2008). A fitoterapia refere-se a produtos médicos cujos ingredientes activos são derivados de partes aéreas ou subterrâneas de plantas ou de outro material vegetal ou da combinação destes, quer no estado bruto quer como preparação vegetal. As matérias vegetais incluem substâncias como sumos, gomas e óleos. Os medicamentos à base de plantas podem conter outros materiais vegetais para além dos ingredientes activos e podem mesmo conter outros ingredientes activos orgânicos ou inorgânicos não vegetais (Sekagya *et al.,* 2006). O âmbito da fitoterapia é por vezes alargado de modo a incluir produtos fúngicos e apícolas, bem como minerais, conchas e certas partes de animais. A farmacognosia é o estudo dos medicamentos derivados de fontes naturais (Acharya & Shrivastava, 2008).

Os profissionais de saúde tradicionais (THP) referem-se a todos os tipos de curandeiros tradicionais, incluindo ervanários, curandeiros espirituais, desossadores, parteiras tradicionais e hidroterapeutas. O profissional de saúde tradicional é uma pessoa reconhecida pela comunidade em que vive como competente para prestar cuidados de saúde. O THP utiliza substâncias vegetais, animais e minerais e outros métodos que se podem basear em fontes sociais, culturais e religiosas, bem como em conhecimentos, atitudes e crenças prevalecentes na comunidade relativamente ao bem-estar físico, mental e social, e às causas de doença e incapacidade (Sekagya *et al.*, 2006).

A medicina tradicional à base de plantas refere-se aos valores terapêuticos da medicina à base de plantas para além dos ingredientes activos do medicamento, em que a medicina à base de plantas é considerada ativa apenas quando está imbuída de uma força vital invisível. A medicina tradicional à base de plantas é o tipo de tratamento médico mais antigo que se conhece e tem sido praticada em praticamente todas as culturas do mundo. Baseia-se na compreensão do tratamento como algo mais do que aquilo que pode ser percepcionado pelos sentidos físicos da visão, do paladar, do tato, da sensibilidade e do olfato (Sekagya *et al.*, 2006).

A história da medicina herbal remonta ao homem primitivo. A longa experiência de tentativa e erro trouxe à luz do dia a importância das plantas úteis contra as plantas nocivas. Talvez já desde o homem de Neanderthal se acreditasse que as plantas tinham poder curativo. As primeiras utilizações foram encontradas na Babilónia, cerca de 1770 a.C., no código de Hamurabi, e no antigo Egito, cerca de 1550 a.C. De facto, os antigos egípcios acreditavam que as plantas medicinais tinham utilidade mesmo na vida após a morte dos seus faraós. A história mais antiga registada da civilização da cultura antiga de África, da China, do Egito e do vale do Indo revelou evidências que apoiam a utilização de medicamentos à base de plantas pelos habitantes dessas regiões (Syed *et al.,* 2008).

Estes medicamentos são seguros e amigos do ambiente. Cerca de 80% da população mundial depende do sistema tradicional para os seus cuidados de saúde. Durante as últimas décadas, tem-se registado um interesse crescente no estudo das plantas medicinais e da sua utilização tradicional em diferentes partes do mundo. O número de curandeiros tradicionais está a diminuir e existe um grave perigo de o conhecimento tradicional desaparecer em breve, uma vez que a geração mais jovem não está interessada em continuar esta tradição. Por conseguinte, é da responsabilidade da comunidade científica desvendar a informação e documentá-la para a disponibilizar a todo o mundo em benefício dos seres humanos (Rajadurai *et al.,* 2009). Além disso, a utilização inadequada de medicamentos ou práticas tradicionais pode ter efeitos negativos ou perigosos. Por conseguinte, é necessária mais investigação para determinar a eficácia e a segurança de várias práticas e plantas medicinais utilizadas pelos sistemas de medicina tradicional (OMS, 2008a).

1.3.1.4 Plantas antiparasitárias:

A investigação sobre as actividades antiprotozoárias de algumas plantas medicinais sudanesas contra protozoários foi levada a cabo por vários trabalhadores sudaneses (Samia *et al*, 2004; Hiba *et al*, 2002; Koko, 2005; koko *et al*, 2008).

Também a investigação sobre as actividades antiprotozoárias (actividades antigiárdicas e antiamoébicas) de algumas plantas medicinais sudanesas contra protozoários e anti-helmintos foi realizada por vários trabalhadores sudaneses (Kabbashi *et al.*, 2014; Kabbashi *et al.*, 2015; Kabbashi e Garbi, 2015; Garbi *et al.*, 2015 & Alsadeg *et al.*, 2015).

1.3.1.4.1 *Acacia nilotica* sub sp - *nilotica*:

1.3.1.4.1.1 Introdução:

A Acacia nilotica Linn. também é conhecida como árvore de goma-arábica, Sunut (árvore), Garad (fruto), espinho do Sudão ou Acácia espinhosa é uma árvore leguminosa polivalente fixadora de azoto. Ocorre desde o nível do mar até mais de 2000 m e resiste a temperaturas extremas (>50 °C) e à secagem ao ar, mas é sensível à geada quando é jovem (Bargal e Bargali, 2009). Encontra-se amplamente disseminada na África subtropical e tropical, desde o Sudão até à Mauritânia, a sul da África do Sul, e na Ásia, a leste do Paquistão e da Índia (Malviya, 2011). *A A. nilotica* é uma árvore de tamanho médio, de caule único, espinhosa, quase sempre verde, que pode atingir até 20-25 m de altura e 2-3 m de diâmetro, mas pode permanecer um arbusto em condições de crescimento deficientes (Fagg, *et al.*, 2005; Orwa, *et al.*, 2009).

1.3.1.4.1.2 Classificação científica:

Reino	Plantae
Encomendar	Fabales
Família	Fabáceas
Género	*Acácia*
Espécies	*nilótica*

Nome latino: *Acacia nilotica* (Linn.) Willd.exDel

Nome inglês: Egyptian thorn, Prickly acacia.

Nome árabe: Sunut (árvore), Garad (fruto).

Figura 1.1: Parte das folhas de *A. nilotica*.

1.3.1.4.1.3 Descrição botânica:

Árvore comum de até 15 m de altura, com casca fissurada de cor negra, em África (subspp. *nilotica* e *tomentosa*). A folhagem é azul-acinzentada/esverdeada, perene ou semi-verde nas subespécies *Nilotica* e *tomentosa* e *indica*, caso contrário é caducifólia; os espinhos emparelhados são longos, rectos e bastante finos. A inflorescência é constituída por globos com flores amarelo-douradas brilhantes. As vagens são ligeiramente apertadas a profundamente apertadas entre as sementes, peludas ou glabras. É uma árvore sempre verde, que cresce até 10 metros de altura. Trata-se de uma árvore pequena com casca castanha escura ou preta fissurada longitudinalmente; os ramos são esguios, teretes e pubescentes quando jovens (Kritikar e Basu, 2003). A árvore atinge geralmente uma altura de 15 m e uma circunferência de 1,2 m, embora também tenham sido registadas árvores até uma altura de 30 m com uma circunferência de 3 m (Anónimo, 2003). As folhas são 2 pinadas, com 5-10 cm de comprimento; ráquis principal felpuda, frequentemente com glândulas; pecíolos com 2,5-5 cm de comprimento; espinhos estipulares muito variáveis, com 0,6-5 cm de comprimento, e lisos (Nadkarni, 2005). Os folíolos são opostos em 10 a 20 pares apinhados, sésseis, lineares-oblongos, obtusos ou agudos, rígidos, verde-acinzentados com cerca de 1/6 polegada de comprimento (Kritikar e Basu, 2003) . As flores são amarelas, amarelo-douradas, perfumadas, aglomeradas em cabeças globosas de haste longa, com 1,5 cm de diâmetro, formando grupos axilares de 2-5 cabeças (Anónimo, 2003) e pubescentes; bractéolas 2, cálice campanulado, 1,25 mm de comprimento; dentes muito curtos. Corola com 3 mm de comprimento; lóbulos curtos, triangulares (Kritikar e Basu, 2003). Vagem pouco pedunculada, com 3 ou 4 polegadas de comprimento por cerca de ¾ de largura, mais ou menos apertada entre as 2-6 sementes, plana exceto sobre as sementes, lisa, membranosa pálida, com uma forte nervura marginal fibrosa e veias reticuladas transversais mais fracas. Sementes com um funículo longo, ligeiramente dilatado no hilo, de contorno arredondado (Kritikar e Basu, 2003) e persistentemente cinzentas (Anónimo, 2003). O seu sabor é muito amargo (Hakim, 2002). A goma exsuda dos cortes na casca sob a forma de lágrimas ovóides. As lágrimas são brilhantes e marcadas com fissuras minúsculas e são quebradiças por natureza. A cor da goma varia do amarelo pálido ao preto. É solúvel em água ((Nadkarni, 2005; Rushd, 1987).

1.3.1.4.1.4 Distribuição:

A Acacia nilotica está amplamente distribuída na África subtropical e tropical, estendendo-se pelo Nilo Branco, a partir de Jebalien, nas alas norte e oeste do Sudão, Cartum, Kasala e Kordofan Estates.

A espécie é muito comum em África e na Ásia, e ocorre na Austrália e no Quénia. A árvore de goma-arábica indiana encontra-se nas savanas bem irrigadas do Sahel e do Sudão, no sul da Península Arábica, na África Oriental e na Gâmbia, Sudão, Togo, Gana e Nigéria. É amplamente cultivada no subcontinente indiano e também se encontra em solos lateríticos no sopé dos Himalaias na Índia.

1.3.1.4.1.5 Utilizações medicinais:

A A. nilotica é a árvore mais importante e quase todas as suas partes são utilizadas na medicina, incluindo folhas, casca, raiz, flor, vagens, goma, etc. (Farzana, 2014).

Folhas: As folhas tenras batidas até formarem uma polpa são utilizadas como gargarejo em gengivas esponjosas, dores de garganta e como lavagem em úlceras hemorrágicas e feridas. As folhas tenras feridas, transformadas em cataplasma e aplicadas em úlceras, actuam como estimulante e adstringente. As folhas são tónicas para o cérebro e para o fígado. Também promovem e fortalecem a visão e curam doenças oculares. As folhas são adstringentes, tónicas para o fígado e o cérebro, antipiréticas, enriquecem o sangue. A infusão das folhas tenras é utilizada como adstringente e remédio para a diarreia e a disenteria (Hakim, 2002; Asolkar, *et al.*, 2005; Nadkarni, 2005; Narayan e Kumar, 2005).

Casca: A decocção da casca é largamente utilizada como um duche adstringente na gonorreia, cistite, vaginite, leucorreia, prolapso do útero e hemorróidas (Kritikar e Basu, 2003). A decocção é largamente utilizada como gargarejo e lavagem da boca. O sumo da casca misturado com leite é colocado no olho para tratar a conjuntivite. A casca queimada e a casca de amêndoa queimada são pulverizadas e misturadas com sal para fazer um bom pó para os dentes (Nadkarni, 2005). A África italiana utiliza a decocção da casca para tratar a varíola. Na Etiópia, *a A. nilotica* é usada como um lactogogo (aumenta o fornecimento de leite). Na Austrália, acredita-se que a casca de

A. nilotica é um adstringente com um elevado teor de ácido tânico que ajuda a controlar a hemorragia, o corrimento e o excesso de muco. O extrato desta erva altamente adstringente pode bloquear os estímulos de dor do corpo (Farzana, *et al.*, 2014).

Raiz: O pó da raiz é útil na leucorreia, cicatrização de feridas e sensação de queimadura (Gilani, *et al.*, 1999). Várias partes da planta utilizadas na queda de cabelo, dor de ouvidos, sífilis, cólera, disenteria e lepra (Asolkar, *et al.*, 2005). Os topos tenros em crescimento esfregados numa pasta com açúcar e água e administrados de manhã e à noite actuam como um demulcente, útil na tosse (Nadkarni, 2005).

Vagens: A decocção é benéfica em doenças urogenitais e previne a ejaculação prematura. É um adstringente e é injetado para aliviar a irritação na gonorreia aguda e na leucorreia (Chopra, *et al.*, 2002; Nadkarni, 2005). As vagens são utilizadas para a impotência, distúrbios urino-genitais e numa tosse seca. Os extractos das sementes e das folhas são usados para o vigor geral do corpo (Mohanty, *et al.,* 1996). As vagens frescas da árvore *A. nilotica* são eficazes no tratamento de perturbações sexuais como espermatorréia, perda de viscosidade do sémen e descargas nocturnas frequentes. As vagens são consideradas úteis na remoção de matéria catarral e catarro dos tubos bronquiais; os Zulu africanos utilizam a casca para o tratamento da tosse (Sonibare e Gbile, 2008).

Goma: Goma administrada sob a forma de mucilagem na diarreia, disenteria e diabetes mellitus. Frita em ghee, a goma é útil como tónico nutritivo e afrodisíaco em casos de debilidade sexual. A goma em pó misturada com a clara de um ovo é aplicada em queimaduras e escaldões. A goma é expetorante, antipirética, cura problemas pulmonares. Diz-se que a goma é muito útil na diabetes mellitus (Said, 1997; Chopra, *et al.*, 2002; Kritikar e Basu, 2003; Nadkarni, 2005).

1.3.1.4.1.6 Componentes químicos:

Foram isolados vários flavonóides e compostos fenólicos das flores, taninos, ácido gálico e ácido m-digálico das vagens, ácidos gordos epóxi e hidroxilo das sementes, e quercetina e saponinas do parque e da seiva, respetivamente (El Ghazali, *et al* 1994). Contém também Glacto-arban, Larabinose, Ácido N. acetil Emkolic, Saponina e Sulfóxido pentosano.

As espécies de *Acacia* contêm metabolitos secundários, incluindo aminas e alcalóides, glicosídeos cianogénicos, ciclitóis, ácidos gordos e óleos de sementes, fluoroacetato, gomas, aminoácidos não proteicos, terpenos (incluindo óleos essenciais, diterpenos, fitosterol e geninas e saponinas triterpénicas), taninos hidrolisáveis, flavonóides e taninos condensados (Seigler, 2003). A planta é a fonte mais rica de cistina, metionina, treonina, lisina, triptofano, potássio, fósforo, magnésio, ferro e manganês (Singh, *et al.*, 2008). Os compostos químicos da planta como o diéster, o éster dihexadecílico do ácido dioico pentacosano e o álcool, heptacosano 1, 2, 3-triol (Banso, 2009). Sementes: Contêm uma elevada percentagem de constituintes fenólicos que consistem em ácido m-digálico, ácido gálico, ácidos protocatecuico e elágico, leucocianidina, dímero m-digálico 3,4,5,7- tetra-hidroxi flavan-3-ol, oligómero 3,4,7- tri-hidroxi flavan 3,4-diol e 3,4,5,7- tetra-hidroxi flavan-3-ol e (-) epicatequina. A semente madura também contém proteína bruta, fibra bruta, gordura bruta, hidratos de carbono, potássio, fósforo, magnésio, ferro e manganês em concentrações elevadas e é uma fonte mais rica de cistina, metionina, treonina, lisina e triptofano. O fruto também contém mucilagem e saponinas (Pande, 1981; Siddhuraju, *et al.*, 1996). Vagens: Contém ácido gálico e o seu ácido Me-este-n-digálico e taninos condensados. Folha: Contém apigenina, 6-8-bis-D-glucósido, rutina, 8% de proteína digestiva (12,4% de proteína bruta). Os níveis relativos de tanino em diferentes partes da planta são, vagens sem sementes (50%), vagens (5,4%), folhas (7,6%), casca (13,5%) e galhos (15,8%) (Wassel, 1990). Casca: Contém tanino (12-20%), terpenóides, saponinas e glicosídeos, Flobetanina, ácido gálico, ácido protocatecuico pirocatecol, (+) - catequina, (-) epigalocatequina-5,7-digalato (Chaubal e Tambe, 2006). O seu extrato contém um conteúdo fenólico total que varia de 9,2 a 16,5 g/100 g (Bushra, *et al.*, 2007). Raiz: Contém octaconsanol, betulina, B-amirina e B-sitosterol. Goma: É composta por galactoarabano que, após hidrólise, dá origem a L- arabinose, D-galactose, L-ramnose, ácido D-glucurónico e ácido 4-O-metil-D-glucurónico.

1.3.1.4.1.7 Fitoquímica:

Os compostos vegetais têm interesse como fonte de substitutos mais seguros ou mais valiosos do que os agentes antimicrobianos criados sinteticamente. O progresso fitoquímico tem sido extremamente ajudado pelo desenvolvimento de métodos rápidos e precisos de rastreio de substâncias químicas específicas nas plantas. Estes procedimentos mostraram que muitas substâncias que inicialmente se pensava serem de ocorrência bastante rara têm uma distribuição quase universal no reino vegetal. Os fitoquímicos estão divididos quimicamente num certo número de grupos, entre os quais se encontram os alcalóides, os óleos essenciais voláteis, os fenóis e os glicosídeos fenólicos, as resinas, as oleínas, os esteróides, os taninos e os terpenos (Banso, 2009).

A fitoquímica confirmou que todos os extractos testados contêm fitoesteróis, óleos fixos, gorduras, compostos fenólicos, flavonóides e saponinas (Ogbadoyi, *et al.*, 2011). Os fitoquímicos alcalóides e glicosídeos detectados nos extractos brutos das raízes de *A. nilotica* (Jigam, et al., 2010). O rastreio fitoquímico da casca do caule de *A. nilotica* revelou que a planta contém terpenóides, alcalóides, saponinas e glicosídeos. Foram registados resultados negativos para esteróides e flavonóides, o que autentica a ausência destes fitoquímicos (Banso, 2009). Esta planta recomenda uma variedade de fitoquímicos, tais como ácido gálico, ácido elágico, isoquercitina, leucocianadina, kaempferol-7-diglucósido, glucopiranosido, rutina, derivados de (+)-catequina-5-galato, apigenina-6, 8-bis-Clucopiranosido, m-catecol e os seus derivados. *A A. nilotica* contém ácido gálico, ácido m-digálico, (+)-catequina, ácido clorogénico, flavano-3,4-diol galolado, robidandiol (7, 3, 4, 5-tetra-hidroxiflavano-3-4-diol), hidrato de carbono D- pinitol e éster de catequina-5-galoílo. A casca é próspera em fenólicos, nomeadamente tanino condensado e flobatanino, ácido gálico, ácido protocatecuico pirocatecol, (+)- catequina, (-) epigalocatequina-7-galato e (-) epigalocatequina-5,7-digalato (Singh et al., 2009). A casca também contém (-) epicatequina, (+) dicatequina, quercetina, ácido gálico, (+) galato de leucocianidina, sacarose e (+) catequina-5-galato (Mitra e Sundaram, 2007). *A A. nilotica* é uma planta medicinal da qual foram comunicados pela primeira vez os compostos polifenólicos kaempferol. Outro composto, a umbeliferona, foi registado na *A. nilotica* (Singh, *et al.*, 2010). **1.3.1.4.1.8 Utilização folclórica:**

As vagens são frequentemente utilizadas no Sudão para reduzir a permeabilidade dos recipientes de arrefecimento de água (zias). Constipações, diarreia, escorbuto, dor de dentes e oftalmia são algumas das doenças que a casca, as raízes, a goma e as folhas podem tratar. As decocções das folhas e dos frutos são utilizadas contra a tosse.

1.3.1.4.1.9 Propriedades etnofarmacológicas:

Vários investigadores relataram diferentes actividades biológicas da *A. nilotica* em vários modelos de ensaio *in vitro* e *in vivo*. Estas actividades foram destacadas nos seguintes títulos:

1.3.1.4.1.9.1 Atividade antibacteriana e antifúngica:

O extrato metanólico das folhas de *A. nilotica* apresentou a maior atividade antibacteriana contra *Bacillus subtilis* e *Staphylococcus aureus* (Mahesh e Satish, 2008). Solomon-Wisdom e Shittu (2010) investigaram a atividade antimicrobiana *in vitro* do extrato etanólico bruto de folhas contra *Campylobacter coli* isolada de cabras. Banso, (2009), estudou a atividade antimicrobiana de extractos etanólicos da casca do caule contra *Streptococcus viridans*, *Staphylococcus aureus*, *Escherichia coli*,

Bacillus subtilis e *Shigella sonnei* utilizando o método de difusão em ágar e encontrou a concentração inibitória mínima, bem como a concentração bactericida mínima. Khan, *et al.* (2009) explorou as actividades antimicrobianas dos extractos etanólicos brutos de cinco plantas contra estirpes multirresistentes (MDR) de *E. coli, Klebsiella pneumonia* e *C. albicans* e estirpes ATCC de *Streptococcus mutans*. Mashram, et al. (2009) observou a atividade antimicrobiana de contra *S. aureus, B. subtilis,* e *E. coli.* Em estudos antimicrobianos comparativos de espécies de *Acacia, a A. nilotica* apresentou a atividade mais elevada contra três bactérias (*E. coli, S. aureus* e *Salmonella typhi*) e duas estirpes de fungos (*Candida albicans* e *Aspergillus niger*) (Mahesh e Satish, 2008; Saini, 2008).

1.3.1.4.1.9.2 Atividade antiviral:

O extrato bruto das folhas de *A. nilotica* apresentou atividade antiviral *in vitro* contra o vírus do mosaico do nabo. Registou-se uma diminuição do número de lesões nos hospedeiros *Chenopodium amaranticolor* e *C. album* (Farzana, *et al.*, 2014).

1.3.1.4.1.9.3 Atividade antidiabética (efeito hipoglicémico):

Rajvaidhya, *et al.* (1989) avaliaram que a *A. nilotica* ssp. indica alimentada durante uma semana apresentava um efeito hipoglicémico (redução de 25,05% do açúcar no sangue) em ratos normais, mas não apresentava qualquer efeito hipoglicémico significativo em ratos diabéticos aloxânicos (redução de 2,14% do açúcar no sangue). O efeito hipoglicemiante das leguminosas deveu-se à sua estimulação direta ou indireta das células β das ilhotas de langerhans para segregarem mais insulina.

1.3.1.4.1.9.4 Atividade anti-malárica:

Os extractos de raiz de *A. nilotica* foram activos contra *Plasmodium berghei* e *Plasmodium falciparum* em ratinhos. Atividade antimalárica *in vitro* contra estirpes de *P. falciparum* sensíveis ao CQ (3D7) e resistentes ao CQ (Dd2 e INDO) em cultura utilizando o SYBR baseado em fluorescência. Os extractos metanólicos brutos da raiz de *A. nilotica* demonstraram uma atividade significativa contra a estirpe sensível à cloroquina de *P. berghei* em ratos. O extrato de acetato de etilo da planta tem a maior atividade antiplasmódica *in vitro* contra organismos *P. falciparum* 3D (sensíveis à cloroquina) e Dd2 (resistentes à cloroquina e sensíveis à pirimetamina) (Ali, *et al.*, 2010; Tahir, *et al.*, 1999).

1.3.1.4.1.9.5 Atividade antioxidante:

O extrato metanólico da planta tem atividade antioxidante (Agrawal, *et al.*, 2010). Os diferentes extractos da casca apresentaram uma inibição da oxidação do ácido linoleico de 4490%, enquanto a atividade de eliminação do radical DPPH variou entre

49% e 87% (Sultana, et al., 2007). Singh, *et al.* (2010) estudaram o fracionamento do extrato de metanol, tendo sido isolada uma fração, AN-2, que foi identificada por técnicas espectroscópicas, nomeadamente RMN e espetroscopia de massa, como sendo um derivado de cumarina, ou seja, umbeliferona. As actividades antioxidativas, incluindo o DPPH, a desoxirribose (específica e não específica do local), o poder quelante, o poder redutor e os ensaios de peroxidação lipídica, foram estudadas *in vitro* e realizadas. Verificou-se que o efeito anti-oxidante da umbeliferona era dependente da dose até 100 µg/ml e depois estabilizava sem mais aumento da atividade. Este é o primeiro relatório sobre o isolamento e o potencial antioxidante da umbeliferona de *A. nilotica*.

1.3.1.4.1.9.6 Atividade antidiarreica:

Foi relatado que *a A. nilotica* é muito útil no tratamento de diarreia e tosse em humanos. A casca em pó da planta com um pouco de sal é utilizada para tratar a diarreia aguda (Guinko, 1991; Gill, 1992). Abdulkarim, et al. (2005) relataram a atividade antidiarreica da fração de acetato de etilo de *A. nilotica* no modelo induzido por óleo de rícino. Reduz o número de fezes não formadas e diminui o trânsito intestinal do carvão vegetal.

1.3.1.4.1.9.7 Atividade abortiva e anti-infertilidade:

Os extractos aquosos ou de etanol a 90 % das plantas de interesse foram estudados em ratos com doses orais durante 10 dias após a inseminação, com especial referência aos efeitos no desenvolvimento fetal. Os extractos de folhas de *Moringa oleifera* e *Adhatoda vasica* foram 100% abortivos em doses equivalentes a 175 mg/kg de matéria seca inicial. Apenas as flores de *A. nilitica* e *Hibiscus rosa-sinensis* pareceram não ter potencial teratológico nas doses testadas. O extrato da casca do caule de *A. nilotica* a uma concentração de 2% revelou uma atividade coagulante do sémen num rastreio preliminar (Bhatt e Panwar, 1990; Nath, *et al.*, 1992).

1.3.1.4.1.9.8 Actividades anti-hipertensiva e antiespasmódica:

O extrato metanólico das vagens de *A. nilotica* possui uma diminuição da pressão sanguínea arterial. Também produz um efeito inibitório na concentração da taxa de força através do bloqueio dos canais de cálcio em cobaias e coelhos (Gilani *et al.*, 1999; Sonibare e Gbile, 2008). O extrato aquoso de sementes mostra atividade espasmogénica no íleo isolado de cobaia. O mecanismo subjacente pode ser o aumento do influxo de cálcio que resulta em espasmo muscular (Amos, *et al.*, 1999).

1.3.1.4.1.9.9 Atividade antimutagénica:

O extrato de acetona de *A. nilotica* exibiu atividade antimutagénica contra mutagénios de ação direta de NPD, azida de sódio e o mutagénio dependente de S9 2-

aminofluoreno (2AF). Esta atividade mutagénica é determinada utilizando a incorporação de placa (Arora, *et al.*, 2003).

1.3.1.4.1.9.10 Outras multiplicidades:

Descobriu-se que o extrato de *A. nilotica* estimula a síntese e a libertação de prolactina na ratazana fêmea e pode ter um melhor resultado em mulheres lactantes (Lompo-Ouedraogo, *et al.*, 2004). *A. nilotica* é usada para curtimento, tingimento de couro, para distúrbios gastrointestinais, úlceras sifilíticas e dores de dentes (Amos, *et al.*, 1999). As vagens inibiram a citopatogenicidade induzida pelo VIH-1 (Asres, et al., 2005). O extrato de raízes frescas é utilizado como narcótico, conhecido como desi sharab (cerveja local), a goma é utilizada como afrodisíaco com água; os ramos são utilizados para limpar os dentes (Badshah e Hussain, 2011). O extrato metanólico da casca tem efeitos inibitórios significativos dos extractos de plantas medicinais sudanesas na protease do VHC (Hussein, et al., 1999). Por fim, os extractos metanólicos da casca e das vagens têm efeitos inibitórios consideráveis contra o HIV-1 PR (protease) (Hussein, et al., 2000).

1.3.1.4.2 *Adansonia digitata* (L.):

1.3.1.4.2.1 Introdução:

A Adansonia digitata (Bombacaceae) é uma árvore produtora de frutos que se encontra nas savanas da África tropical e meridional. As cascas são utilizadas para o tratamento da febre na Nigéria. *A* ingestão do extrato aquoso da casca de *A. digitata* é utilizada na medicina tradicional da Nigéria como tratamento da anemia falciforme. As folhas são utilizadas medicinalmente como diaforético e adstringente. As folhas têm propriedades hipo-sensíveis e anti-histamínicas, que são usadas para tratar doenças dos rins e da bexiga, asma, fadiga geral, diarreia, verme da Guiné (Oloyede *et al*, 2010).

1.3.1.4.2.2 Classificação científica:

Reino	Plantae
Encomendar	Malvinas
Família	Bombacaceae
Género	*Adansonia*
Espécies	*digitata*

Figura 1.2 : Parte das folhas de *A. digitata.*

1.3.1.4.2.3 Descrição botânica:

A. digitata L., uma planta arbórea pertencente à (família: Malvaceae), está espalhada por todas as regiões quentes e secas da África tropical (FAO, 1988). É uma árvore de folha caduca, maciça e majestosa, com uma altura de até 25 m, que pode viver centenas de anos (Gebauer et al., 2002). O tronco é inchado e robusto, com até 10 m de diâmetro, geralmente afunilado ou cilíndrico e abruptamente em forma de garrafa; muitas vezes contrafortado. Os ramos distribuem-se irregularmente e são grandes. A casca é lisa, castanha avermelhada a cinzenta, macia e fibrosa (Gebauer et al., 2002). A árvore produz um sistema radicular lateral extenso e as raízes terminam em tubérculos. As folhas são alternas e foliáceas. As folhas da árvore jovem são frequentemente simples. O tamanho total das folhas maduras pode atingir um diâmetro de 20 cm. As flores são pendentes, solitárias ou emparelhadas nas axilas das folhas, grandes e vistosas. O botão floral é globoso, por vezes ovoide (Sidibe e Williams, 2002). O fruto do baobá está pendurado individualmente em longos caules com uma casca ovoide, lenhosa e indeiscente com 20 a 30 cm de comprimento e até 10 cm de diâmetro (Nnam e Obiakor, 2003). A casca contém numerosas sementes duras, acastanhadas, redondas ou ovóides, com um comprimento máximo de 15 mm, que estão embebidas numa polpa branca-amarelada, farinhenta e ácida (Nnam e Obiakor, 2003). A polpa do fruto maduro apresenta-se naturalmente desidratada, pulverulenta, de cor esbranquiçada e com um sabor ligeiramente ácido (Vertuani et al., 2002).

1.3.1.4.2.4 Distribuição:

A. digitata L., uma planta arbórea pertencente à (família: Malvaceae), está amplamente distribuída na África subtropical e tropical e estende-se através do Nilo

Branco a partir das alas norte de Jebalien e do Sudão ocidental, Cartum, Kasala e Kordofan Estates.

1.3.1.4.2.5 Medicina tradicional:

As folhas, a casca, a polpa e as sementes de *A. digitata* são utilizadas como alimento e para múltiplos fins medicinais em muitas partes de África (Diop et al., 2005). O fruto e a folha do baobá são usados na medicina popular como antipirético ou febrífugo para combater febres. A polpa do fruto e as sementes em pó são usadas em casos de disenteria e para promover a transpiração (Sidibe e Williams, 2002). A polpa do fruto do baobá tem sido tradicionalmente utilizada como imunoestimulante (Al-Qarawi et al., 2003), anti-inflamatório, analgésico, antipirético, febrífugo e adstringente no tratamento da diarreia e da disenteria (Ramadan et al., 1993). O extrato aquoso da polpa do fruto do baobá apresentou uma atividade hepatoprotectora significativa e, como consequência, o consumo da polpa pode desempenhar um papel importante na resistência humana a danos no fígado em áreas onde o baobá é consumido (Al-Qarawi et al., 2003). Medicinalmente, a polpa do fruto do baobá é utilizada como febrífugo e como antidisentérico e no tratamento da varíola e do sarampo como instilação ocular (Wickens, 1979). Na medicina indiana, a polpa de baobá é utilizada internamente com leitelho em casos de diarreia e disenteria. Externamente, utilizam-se folhas jovens de baobá esmagadas num cataplasma, para inchaços dolorosos (Sidibe e Williams, 2002). As sementes são utilizadas em casos de diarreia e soluços. O óleo extraído das sementes é usado para gengivas inflamadas e para aliviar dentes doentes (Sidibe e Williams, 2002). Visto que o óleo das sementes também é usado para tratar problemas de pele, também se pode considerar que tem aplicações cosméticas (Sidibe e Williams, 2002). As folhas em pó são usadas como um tónico e um anti-asmático e sabe-se que têm propriedades anti-histamínicas e anti-tensão. As folhas também são usadas para tratar picadas de insectos, vermes da Guiné e dores internas, disenteria, doenças do trato urinário, oftalmia e otite (Sidibe e Williams, 2002). Na medicina indiana, as folhas em pó são usadas de forma semelhante para controlar a transpiração excessiva (Sidibe e Williams, 2002). As folhas de *A. digitata* são usadas medicinalmente como diaforético, adstringente, expetorante e como profilático contra a febre (Wickens, 1979). As folhas também têm propriedades hiposensíveis e anti-histamínicas. As folhas são utilizadas para tratar doenças dos rins e da bexiga, asma, fadiga geral, diarreia, inflamações, picadas de insectos e vermes da Guiné (Wickens, 1979). A utilização mais ampla na medicina tradicional vem da casca do baobá como substituto do quinino em caso de febre ou como profilático. Uma decocção da casca deteriora-se rapidamente devido às substâncias mucilaginosas presentes (Sidibe e Williams, 2002). A casca de baobá é utilizada na Europa como febrífugo (antipirético). Na Costa do Ouro (Gana), a casca é utilizada em vez de quinino para curar a febre (Shukla et al., 2001). Na medicina indiana, a casca de baobá é usada internamente como refrigerante, antipirético e antiperiódico (Sidibe e Williams, 2002). A casca, no entanto, é certamente usada para o tratamento da febre na Nigéria (Wickens, 1979). Além disso, a casca contém uma goma branca, semi-fluida, que pode ser obtida a partir de feridas da casca e é usada para limpar feridas (Wickens, 1979).

De acordo com os mesmos autores, não existem alcalóides na casca. No Congo Brazzaville, uma decocção da casca é utilizada para dar banho a crianças raquíticas e na Tanzânia como elixir bucal para dores de dentes (Wickens, 1979). A casca do baobá, a polpa do fruto e as sementes parecem conter um antídoto para o envenenamento por várias espécies de *Strophanthus*. O sumo destas espécies tem sido amplamente utilizado como veneno para flechas, especialmente na África Oriental. No Malawi, deita-se um extrato de baobá na ferida de um animal morto desta forma para neutralizar o veneno antes de a carne ser comida (Wickens, 1979). Uma infusão de raízes é usada no Zimbabué para dar banho a bebés para promover uma pele macia (Wickens, 1982).

1.3.1.4.2.6 Propriedades medicinais:

1.3.1.4.2.6.1 Propriedades anti-oxidantes:

Em resultado do seu elevado teor natural de vitamina C, a polpa do fruto do baobá tem uma capacidade antioxidante bem documentada (Vertuani et al., 2002; Besco et al., 2007; Lamien-Meda et al., 2008; Blomhoff et al., 2010; Brady, 2011). Os antioxidantes podem ajudar a prevenir doenças relacionadas com o stress oxidativo, como o cancro, o envelhecimento, a inflamação e as doenças cardiovasculares, uma vez que podem eliminar os radicais livres que contribuem para estas doenças crónicas (Kaur e Kapoor, 2001; Blomhoff et al., 2010). A capacidade antioxidante da polpa do fruto do baobá foi investigada utilizando o ensaio de fotoquimioluminescência (PLC), comparando as propriedades antioxidantes da polpa do fruto com as propriedades antioxidantes de vários outros frutos, incluindo o kiwi, a laranja, a maçã e o morango (Vertuani et al., 2002). Verificou-se que o fruto do baobá tem o teor mais elevado de vitamina C, com 280 a 300 mg/100 g, de todos os frutos investigados. Este facto é comparado com um teor de vitamina C de 46 mg/100 g nas laranjas, uma fonte bem documentada de vitamina C (Vertuani et al., 2002). Verificou-se que a polpa do fruto do baobá tem propriedades antioxidantes interessantes; em particular, o valor da Capacidade Antioxidante Integral (IAC) da polpa do fruto do baobá (11,1 mmol/g de peso fresco) foi superior ao da polpa da laranja (0,3 mmol/g de peso fresco) (Vertuani et al., 2002). O elevado teor de vitamina C e de antioxidantes da polpa do fruto pode ter um papel a desempenhar no prolongamento do prazo de validade de alimentos e bebidas, bem como de cosméticos. A indústria alimentar/bebidas pode introduzir a polpa do fruto do baobá nos alimentos para atuar como um ingrediente conservante ao prevenir a oxidação dos lípidos nos alimentos (Afolabi e Popoola, 2005).

1.3.1.4.2.6.2 Propriedades anti-inflamatórias:

Ramadan *et al.* (1993) verificaram que a polpa do fruto do baobá tem propriedades anti-inflamatórias semelhantes às da fenilbutazona utilizada como padrão em ratos. 800 mg/kg de extrato aquoso de polpa de baobá produzem efeitos comparáveis e duradouros com os medicamentos clássicos - equivalente a 15 mg/kg de efeito anti-inflamatório da fenilbutazona. Esta atividade pode ser atribuída à presença de esteróis, saponinas e triterpenos no extrato aquoso (Ramadan et al., 1993; Brady, 2011).

1.3.1.4.2.6.3 Atividade antipirética (efeito anti-febre):

Diz-se que as pessoas que sofrem de malária em África, na Índia, no Sri Lanka e nas Índias Ocidentais consomem um puré contendo casca de baobá seca como febrífugo para tratar a febre associada a esta doença (Wickens e Lowe, 2008; Brady, 2011). A polpa e as sementes do fruto também são amplamente utilizadas pelas suas propriedades antipiréticas (Ramadan et al., 1993; Wickens e Lowe, 2008). Também se demonstrou que a polpa do fruto do baobá reduz a temperatura corporal elevada sem afetar a temperatura corporal normal (Ramadan et al., 1993). Num estudo realizado por Ramadan et al. (1993), *a A. digitata* foi testada *in vivo* para determinar a atividade biológica antipirética da polpa do fruto em ratos. Os resultados mostram que houve uma redução acentuada de 1,94°C na temperatura dos ratos que receberam um extrato aquoso de baobá de 800 mg/mL, em comparação com uma redução de 0,42°C para o grupo de controlo. A atividade antipirética do extrato assemelha-se à normalmente induzida pela dose padrão de ácido acetilsalicílico (AAS) administrado em ratos hipertérmicos (Ramadan et al., 1993).

1.3.1.4.2.6.4 Propriedade analgésica:

O efeito analgésico da polpa de baobá também foi investigado por Ramadan et al. (1993). Os resultados mostraram que 800 mg/kg de extrato aquoso de polpa de baobá produzem efeitos comparáveis e duradouros com os medicamentos clássicos - equivalente a 50 mg/kg de efeito analgésico do ácido acetilsalicílico. Esta atividade pode ser atribuída à presença de esteróis, saponinas e triterpenos no extrato aquoso (Ramadan et al., 1993). As actividades analgésicas também foram mencionadas por

Masola et al. (2009), provavelmente devido à presença de esteróis, saponinas e triterpenos na polpa do fruto.

1.3.1.4.2.6.5 Propriedades hepatoprotectoras:

As influências hepatoprotectoras da polpa do fruto do baobá foram investigadas por Al- Qarawi et al. (2003). Quando os extractos da polpa de baobá foram avaliados quanto à sua influência no fígado de ratos albinos machos Wistar, verificou-se que foi alcançada uma hepatoprotecção significativa. Os resultados mostraram que o extrato da polpa do fruto do baobá tinha efeitos de proteção e de recuperação dos danos no fígado dos ratos. Os autores afirmaram que isto pode ter sido o resultado dos triterpenóides, β-sitosterol, palmitato de β-amirina, terpenóides e ácido ursólico presentes no fruto. Os autores também resumiram que outras bioactividades do fruto do baobá, incluindo actividades analgésicas, anti-inflamatórias e antimicrobianas, poderiam ser os factores que influenciam a atividade hepatoprotectora observada (Al-Qarawi *et al.*, 2003).

1.3.1.4.2.6.6 Atividade antimicrobiana:

Um meio ácido, como o criado pela adição de pó de polpa de baobá à fermentação de *tempe* (soja fermentada com o fungo *Rhizopus oligosporus*), pode impedir o crescimento de bactérias patogénicas como *Salmonella* sp., *Bacillus* sp. e *Streptococcus* sp. (Afolabi e Popoola, 2005). Para além disso, concentrações crescentes de polpa de baobá em pó levaram a um aumento da população de bactérias do ácido lático. Este facto é benéfico para os consumidores, uma vez que a maior parte das espécies de bactérias lácticas não são tóxicas e foi relatado que produzem uma enzima que decompõe os oligossacáridos da soja nos seus constituintes mono e dissacáridos. A presença de bactérias do ácido lático no *tempe* preparado, como está a ser feito localmente na Nigéria, não só melhorará a digestibilidade do tempe, como também prolongará o prazo de validade do produto devido aos atributos conservantes das bactérias do ácido lático (Afolabi e Popoola, 2005). De acordo com Yagoub (2008), os extractos de éter de petróleo, etanol e aquoso de baobá mostraram atividade antimicrobiana contra *Escherichia coli.*

1.3.1.4.2.6.7 Atividade anti-viral:

As folhas, a polpa do fruto e as sementes de *A. digitata* demonstraram atividade antiviral contra o vírus da gripe, o vírus do herpes simplex e o vírus sincicial respiratório (Vimalanathan e Hudson, 2009) e a poliomielite (Anani et al., 2000). Análises químicas relataram a presença de vários ingredientes potencialmente bioactivos, incluindo triterpenóides, flavonóides e compostos fenólicos (Chadare et al., 2009).

1.3.1.4.2.6.8 Atividade anti-tripanossoma:

Os extractos de raízes de *A. digitata* eliminam a motilidade do *Trypanosoma congolense* em 60 minutos e reduzem drasticamente a motilidade do *Trypanosoma brucei brucei* (Manfredini, 2002).

1.3.1.4.2.6.9 Atividade antidiarreica:

Num estudo realizado por Tal-Dia et al. (1997), a eficácia de uma solução tradicional local composta por frutos secos de baobá com água e açúcar foi comparada com a solução padrão da Organização Mundial de Saúde (OMS) utilizada para tratar crianças com diarreia aguda. A solução padrão da OMS é uma solução de sal de reidratação oral (SRO) constituída por glucose, sódio, potássio e citrato dissolvidos em água potável. Os resultados obtidos basearam-se na progressão da diarreia e no aumento de peso. Embora os resultados obtidos neste estudo tenham revelado que a solução da OMS foi considerada superior à mistura de baobá, não houve diferença estatística entre as duas soluções em termos de duração da diarreia e de aumento de peso. Também foi observado que a solução tradicional local possuía as vantagens de ser uma excelente fonte de nutrientes, mais económica do que a solução da OMS e também facilmente disponível para as culturas africanas em comparação com a solução da OMS. Pensa-se que os dois principais factores atribuídos à ação antidiarreica do baobá incluem a ação adstringente dos taninos que causa uma inibição das secreções osmóticas, para além da ação anti-inflamatória da mucilagem do baobá na membrana mucosa intestinal (Wickens e Lowe, 2008). A presença de taninos, mucilagem, celulose e ácido cítrico presentes no baobá também podem ter um papel a desempenhar nos efeitos da polpa do fruto do baobá contra a diarreia (Gruenwald e Galizia, 2005).

1.3.1.4.2.6.10 Fonte de fibras com atividade semelhante à dos prebióticos:

A polpa do fruto de *A. digitata* fornece uma quantidade de fibras solúveis (22,54% de peso seco) e insolúveis (22,04% de peso seco) (Manfredini, 2002). Estudos realizados evidenciam que a fração hidrossolúvel da polpa do fruto tem efeitos estimulantes sobre o crescimento de lactobacilos e bifidobactérias (Manfredini, 2002).

1.3.1.4.2.6.11 Efeito cicatrizante da vitamina C:

A vitamina C é um poderoso antioxidante e extremamente importante na nutrição humana. Foi demonstrado que a vitamina C está relacionada com a tensão arterial baixa, com o aumento da imunidade contra muitas doenças tropicais, com uma menor incidência de desenvolvimento de cataratas e com uma menor incidência de doenças coronárias. A dose diária recomendada para adultos saudáveis é de 65 mg (Chadare *et al.*, 2009). Utilizando o teor médio de vitamina C do fruto do baobá (2800 mg/kg de peso seco), as recomendações podem ser convertidas em quantidades de pó de baobá.

A dose diária recomendada de vitamina C pode ser obtida a partir de 23 g de pó de baobá (Chadare et al., 2009).

1.3.1.4.2.7 Antídoto para veneno:

A casca, a polpa do fruto e as sementes parecem conter um antídoto para o envenenamento por espécies de *Strophanthus* (Sidibe e Williams, 2002). De acordo com Wickens (1979), contêm o alcaloide "adansonina", que tem uma ação semelhante à do strophanthus. O sumo destas espécies tem sido amplamente utilizado como veneno para flechas, especialmente na África Oriental. No Malawi, um extrato de baobá é deitado na ferida de um animal morto desta forma para neutralizar o veneno antes de a carne ser comida (Wickens, 1982).

1.3.1.4.2.8 Tratamentos cosméticos:

Uma infusão de raízes é usada no Zimbabué para dar banho a bebés para promover uma pele suave (Wickens, 1982). O óleo das sementes é usado para tratar problemas de pele (Sidibe e Williams, 2002).

1.3.1.4.2.9 Excipiente natural e de interesse:

O pó do fruto da polpa de *A. digitata* tem boas caraterísticas lubrificantes, aglutinantes e diluidoras. Em alguns estudos, foi utilizado como excipiente hidrofílico para a preparação de comprimidos de paracetamol e teofilina com um efeito duradouro (Arama *et al.*, 1988; Arama *et al.*, 1989).

1.3.1.4.3 *Nigella sativa* Linn:

1.3.1.4.3.1 Introdução:

Entre as plantas medicinais promissoras, o Kalonji (*Nigella sativa*), uma dicotiledónea de rananculácea, é uma erva espantosa com um rico historial histórico e religioso. As sementes de *N. sativa* são a fonte do ingrediente ativo desta planta. A importância real da *N. sativa* para os muçulmanos provém do ditado sagrado do Profeta Maomé "Que as orações e a paz estejam com ele" em que a semente preta é o remédio para todas as doenças exceto a morte (Ghaznavi, 1991). É a mesma semente preta referida pelo Profeta Maomé como uma panaceia (curandeiro universal), que é um remédio para todas as doenças, mas não pode impedir o envelhecimento ou a morte (Ghaznavi, 1991). A utilização histórica das sementes pretas foi mencionada em vários livros religiosos e étnicos. As sementes pretas são identificadas como o cominho preto curativo na Bíblia Sagrada; também são descritas como o melanthion de Hipócrates e Dioscordes. No sistema de medicina Greco-Árabe/Unani-Tibb, que tem origem em Hipócrates, o seu contemporâneo Galeno e Ibn-sina consideraram a semente preta como um remédio valioso para as perturbações hepáticas e digestivas. O famoso livro de medicina de Ibn-sina "O cânone da medicina (980-1037) revelou a importância histórica desta semente preta como a semente "que estimula a energia do corpo e ajuda a recuperar da fadiga (Ghaznavi, 1991; Chevallier, 1996). Ao longo de milhares de anos, até aos dias de hoje, milhões de pessoas na região mediterrânica e nos países do Extremo Oriente utilizam diariamente o óleo de sementes de *N. sativa* como um remédio natural protetor e curativo. Historicamente, há registos de que as sementes de *N. sativa* eram prescritas pelos antigos médicos egípcios e gregos para tratar dores de cabeça, congestão nasal, dores de dentes e vermes intestinais, bem como um diurético para promover a menstruação e a produção de leite (Hajhashemi et al., 2004). No sistema de medicina Ayurvédica, as sementes são administradas com leite de manteiga para soluços obstinados e são também utilizadas para perda de apetite, vómitos e hidropisia. Também são utilizadas como emenagogo e galactogogo e como abortificante em grandes doses.

Em diferentes combinações, as sementes de *N. sativa* têm sido utilizadas na obesidade e na dispneia. Têm propriedades antibiliosas e são administradas internamente em casos de febre intermitente. A inalação constante de sementes fritas liberta a constipação e o catarro. As sementes também têm sido utilizadas em casos de envenenamento por mercúrio, feridas e lepra (Ahmad *et al.*, 2004).

1.3.1.4.3.2 Morfologia:

A N. sativa é uma planta arbustiva, auto ramificada, com cerca de 50 a 60 cm de altura. As folhas estão divididas em segmentos lineares com 2 a 3 cm de comprimento; estão dispostas aos pares em ambos os lados do caule. As suas folhas inferiores são pequenas e pecioladas e as superiores são longas. A planta tem uma folhagem finamente dividida e flores brancas ou azuladas claras. As flores crescem terminalmente nos seus ramos. *A N. sativa* reproduz-se por si própria e forma uma cápsula de fruto que consiste em muitas sementes brancas trigonais. Quando a cápsula de fruto amadurece, abre-se e as sementes contidas no seu interior ficam expostas ao ar, tornando-se negras (sementes negras). As sementes têm uma forma triangular, são negras e possuem um cheiro forte e pungente, contendo uma quantidade considerável de óleo (Chevallier, 1996).

1.3.1.4.3.3 Classificação científica:

Reino	Plantae
Ordem	Ranunculales
Família	Ranunculáceas
Género	*Nigella*
Espécie	*sativa.*

Figura 1.3: Amostra de laboratório de *Nigella sativa* (sementes).

1.3.1.4.3.4 Cultivo e recolha:

A planta é amplamente cultivada em diferentes partes do mundo e é uma erva anual cultivada na Índia e no Paquistão. *A N. sativa* é cultivada durante o inverno da mesma forma que o trigo. As áreas onde se cultivam milho, grama verde ou grama preta podem ser usadas depois da colheita destas culturas. Antes de semear as sementes, basta lavrar 2 a 3 vezes para obter boas colheitas e controlar as ervas daninhas.

Os solos pesados necessitam de mais aragem do que os solos ligeiros. As sementes são semeadas a 30 cm de distância. As sementes não devem ser semeadas em profundidade, pois a germinação é retardada. São semeados cerca de 12 a 15 kg de sementes por hectare. São necessárias três a cinco regas: pré-sementeira, sementeira, floração, formação dos frutos e desenvolvimento das sementes. A maturação da cultura ocorre em abril e maio. A colheita deve ser efectuada de manhã cedo. A colheita é efectuada quando os frutos/cápsulas ficam amarelados. A colheita tardia pode provocar a quebra das sementes. Após a colheita e a secagem adequada, pode ser debulhada com um trator ou uma debulhadora adequada. Após a debulha, as sementes devem ser devidamente armazenadas em sacos ou contentores (Ahmad et al., 2004).

1.3.1.4.3.5 Componentes químicos:

Tendo em conta a sua vasta gama de utilizações medicinais, a planta foi objeto de estudos fitoquímicos extensivos. As sementes de *N. sativa* contêm 36 a 28% de óleo fixo, proteínas, alcalóides, saponinas e 0,4 a 2,5% de óleo essencial. O óleo fixo é composto principalmente por ácido gordo insaturado que inclui ácido araquidónico, eicosadienoico, linoleico e linolénico. O ácido gordo saturado presente no óleo é o ácido palmítico, esteárico e mirístico (Hajhashemi et al., 2004). O óleo essencial presente nas sementes foi analisado por cromatografia gasosa-espetrometria de massa (GC-MS). Foram caracterizados muitos componentes, mas os constituintes farmacologicamente activos do óleo volátil são a timoquinona, a ditimoquinona, o timol e a timohidroquinona. A ditimoquinona é a forma dimerizada da timoquinona (Ghosheh et al., 1999; Hajhashemi et al., 2004). O princípio ativo cristalino, a nigelona, é o único constituinte da fração carbonilo do óleo. Os outros constituintes do óleo volátil da semente são p-cimeno carvacrol, t-anethole, 4-terpineol e longifolina. Foram registados quatro alcalóides como constituintes das sementes de *N. Sativa*. A nigelicina (Figura 1d) e a nigelidina têm um núcleo de indazol, enquanto a nigelimina (Figura 1e) e o N-óxido de nigelimina são isoquinolinas (Atta-ur-Rehman, 1985a, b, 1995). Recentemente, uma saponina triterpénica Alfa foi isolada das sementes de *N. sativa*. A α-heredina (Figura 1f) é conhecida por ter atividade antitumoral (Kumara e Haut, 2001). Verificou-se que o extrato etanólico das sementes contém três flavonóides, nomeadamente quercetina e kaempferol 3-glucosil (1-2) galactosil (1-2) glusosídeo e quercitina -3-(6-ferulolil glucosil) (1-2) galactosil (1-2) glucosídeo (Merfort et al., 1997). Para além destes triglicosídeos, foram também isolados das sementes de *N. sativa* o 3-glucósido de quercetina, o 3-glucósido de kaempferol e a rutina.

As sementes de *N. sativa* contêm outros ingredientes, incluindo componentes nutricionais, tais como hidratos de carbono, gorduras, vitaminas, elementos minerais e proteínas, incluindo oito ou nove aminoácidos essenciais. O fracionamento de sementes inteiras de *N. sativa* utilizando eletroforese em gel de poliacrilamida com dodecil sulfato de sódio (SDS-PAGE) mostra bandas que variam entre 94 e 100 KDa de massa molecular (Haq et al., 1999). O monossacárido na forma de 24
Também se encontram glucose, ramnose, xilose e arabinose. As sementes também contêm caroteno, que é convertido pelo fígado em vitamina A. As sementes de *N. sativa* também são uma fonte de cálcio, ferro e potássio (Salem *et al.*, 2000).

1.3.1.4.3.6 Propriedades farmacológicas:

Foram realizados muitos estudos, particularmente durante as últimas duas décadas, sobre o efeito dos extractos de sementes de *N. sativa* ou dos seus compostos activos nos vários sistemas do corpo *in vivo* ou *in vitro*. Segue-se uma seleção de alguns destes estudos. **1.3.1.4.3.6.1 Atividade antioxidante:**

A geração de radicais livres pode ser, pelo menos parcialmente, a base de muitas doenças e afecções humanas. Por conseguinte, a ação antioxidante da *N. sativa* pode explicar a sua alegada utilidade na medicina popular. O óleo essencial de *N. sativa* foi testado quanto a uma possível atividade antioxidante. O óleo essencial, a timoquinona e outros componentes como o carvacrol, o anetol e o 4-terpineol demonstraram uma propriedade respeitável de eliminação de radicais. O efeito de eliminação de radicais livres do timol, da timoquinona e da ditimoquinona foi estudado nas reacções que geram espécies reactivas de oxigénio, tais como o radical anião superóxido, o radical hidroxilo e o oxigénio simples, utilizando os métodos de quimioluminescência e de espetrofotometria (Kruk et al., 2000). Também se verificou que a timoquinona e o óleo fixo de *N. sativa* inibem a peroxidação não enzimática em lipossomas de fosfolípidos do cérebro de boi (Houghton et al., 1995). O efeito antioxidante da timoquinona (TQ) e de uma timoquinona ter-butil sintética estruturalmente relacionada (TBHQ) foi examinado *in vitro*. Curiosamente, tanto a TQ como a TBHQ inibiram eficazmente a peroxidação lipídica microssomal dependente do ferro de uma forma dependente da concentração (Badary *et al.*, 2003).

1.3.1.4.3.6.2 Atividade hepatoprotectora:

A hepatotoxicidade está associada à alteração dos níveis e das actividades de determinadas enzimas, como a transaminase glutâmico-oxaloacética sérica (SGOT), a transaminase glutâmico-pirúvica sérica (SGPT), o sistema de enzimas de eliminação de oxidantes, incluindo o glutatião (GSH), a superóxido dismutase (SOD) e a catalase (CAT).

A ação protetora da timoquinona contra a hepatotoxina: o terbutyl hyderoperoxide foi demonstrada utilizando hepatócitos isolados de ratos (Daba et al., 1998). No presente estudo, a atividade hepatoprotectora da timoquinona (TQ) foi comparada com a da silibina, um agente hepatoprotector conhecido. O mecanismo de hepatoprotecção da TQ não é certo, mas pode estar relacionado com a preservação da glutationa intracelular (GSH), cuja depleção por stress oxidativo é conhecida por aumentar a suscetibilidade das células a lesões irreversíveis. Também foi demonstrado que o pré-tratamento de ratos com óleo *de N. sativa* durante 4 semanas foi eficaz na proteção contra danos hepáticos induzidos por CCl4 e D-galactosamina. Não foram observados efeitos nocivos na função hepática quando o óleo foi verde por via oral numa dose de 100 mg/kg/dia durante 4 semanas. Em ratos, verificou-se que a timoquinona, 8 mg/kg/dia durante 5 dias antes e 1 dia após o tratamento com CCl4, protege contra os marcadores bioquímicos e histológicos de danos no fígado (Nagi et al., 1991). Recentemente, verificou-se também que apresenta efeitos protectores contra a lesão por isquemia e reperfusão no fígado (Fahrettin *et al.*, 2008).

1.3.1.4.3.6.3 Atividade antinefrotóxica:

A administração de extrato de sementes com cisteína, vitamina E e *Crocus sativa* antes da administração da droga nefrotóxica cisplatina foi eficaz na melhoria dos índices bioquímicos e fisiológicos de nefrotoxicidade (El-Dally *et al.*, 1996).

Isto também confirma os nossos resultados anteriores e os resultados relatados da atividade nefroprotectora do óleo de sementes de *N. sativa* na nefrotoxicidade induzida pela cisplatina e gentamicina (Tembhurne et al., 2008; Ali, 2004). A razão para a ação protetora não é certa, mas pode estar relacionada com a ação antioxidante do fármaco e com o facto de o fármaco neprotóxico poder induzir os seus efeitos através da geração de radicais livres (El- Dally *et al.*, 1996). A síndroma de Fanconi (FS) induzida pela ifosfamida é caracterizada pela perda de glicose, electrólitos e ácidos orgânicos, juntamente com creatinina e ureia séricas elevadas, bem como uma diminuição da taxa de depuração da creatinina. A administração de timoquinona na água de beber antes e durante o tratamento com ifosfamida melhorou a gravidade dos danos renais induzidos pela ifosfamida e melhorou a maioria das alterações dos parâmetros bioquímicos (Badary *et al.*, 1996).

1.3.1.4.3.6.4 Atividade anticancerígena:

Salomi *et al.* (1992) mostraram que o extrato metanólico bruto das sementes desta planta exibia uma forte ação citotóxica no carinoma de ascite de Elrich, no linfoma de ascite de Dalton e no sarcoma 180, enquanto exercia uma citotoxicidade mínima nos linfócitos normais. Num outro estudo, o extrato aquoso e alcoólico de *N. sativa* sozinho ou em combinação com H2O2 como um stressor oxidativo foram considerados eficazes na inativação *in vitro* de células de cancro da mama MCF-7 (Farah e Begum, 2003). O efeito antitumoral da timoquinona e do β-elemeno foi investigado *in vivo* e *in vitro* em ratos albinos machos em fibrossarcoma induzido por 20-metilcolantreno, tendo-se verificado que inibia significativamente a incidência e a carga tumoral. Os possíveis modos de ação foram discutidos como a sua atividade antioxidante e a interferência com a síntese de ADN associada ao aumento do processo de desintoxicação (Badary e Gamal-el-Din, 2001; Zhou *et al.*, 2003; Gali-Muhtasib *et al.*, 2006; Amr, 2009).

Uma fração do extrato etanólico de sementes de *N. sativa* foi estudada em ratos contra células de leucemia murina P388 implantadas intraperitonealmente e células de carcinoma do pulmão de Lewis implantadas subcutaneamente. O tempo de vida dos ratos tratados aumentou 153% em comparação com os ratos de controlo tratados diretamente com sulfóxido, a- Hederina, um triterpeno isolado desta fração, produziu taxas significativas de inibição do tumor, embora o(s) mecanismo(s) subjacente(s) à atividade antitumoral da hederina ainda não tenha sido estabelecido. A aplicação tópica de extractos de *N. sativa* e *C. sativa* inibiu a carcinogénese cutânea em duas fases em ratos induzida por dimetilbenzantraceno e óleo de cróton. O efeito inibitório *in vivo* e *in vitro* da timoquinona contra a carcinogénese gástrica induzida pelo benzo (a) pireno também foi relatado em ratos (Salomi et al., 1991). Worthen et al. (1998) testaram *in vitro* uma goma bruta, um óleo fixo e dois componentes purificados das sementes, a timoquinona (TQ) e a ditimoquinona (DTM), quanto à sua citotoxicidade para várias linhas de células tumorais parentais e multirresistentes.

A goma e o óleo não apresentaram citotoxicidade, enquanto a TQ e o DTM foram citotóxicos para todas as linhas celulares. Tanto as linhas celulares parentais como a sua variante MDR correspondente (que eram resistentes a vários) fármacos antineoplásicos padrão foram igualmente sensíveis à TQ e ao DTM. Foi também realizado um estudo sobre a relação entre a atividade estrutural de 27 análogos diferentes da TQ. Entre esses compostos, TQ-2G, TQ-4A1 e TQ-5A1 foram considerados mais potentes do que TQ em termos de inibição do crescimento celular, indução de apoptose e modulação do fator de transcrição-NF-κB, Os novos análogos também foram capazes de sensibilizar a apoptose induzida por gemcitabina e oxaliplatina em células PC MiaPaCa-2 (resistentes à gemcitabina), que foi associada à regulação negativa de Bcl-2, Bcl-xL, survivina, XIAP, COX-2 e a Prostaglandina E2 associada (Banerjee et al., 2010).

1.3.1.4.3.6.5 Atividade antidiabética:

Al-Awadi e Gumma (1987) relataram a utilização de uma mistura de plantas contendo *N. sativa*, mirra, goma, asafoetida e aloé por diabéticos no Kuwait. Estudaram o efeito destes fármacos para o seu efeito de redução da glucose em ratos e concluíram que era eficaz. Estudos posteriores sobre a mistura de plantas contendo *N. sativa* revelaram que o efeito de redução da glicose no sangue se deveu à inibição da gluconeogénese hepática e a mistura de extractos de plantas pode revelar-se um agente terapêutico útil no tratamento da diabetes mellitus não dependente de insulina (Al-Awadi *et al.*, 1991; Mohamed et al., 2009). O óleo volátil de *N. sativa* sozinho também produziu um efeito hipoglicémico significativo em coelhos diabéticos normais e induzidos por aloxana sem alterações nos níveis de insulina (Al-Hader *et al.*, 1993).

Num estudo mais recente, o extrato de sementes, quando administrado por via oral, diminuiu os níveis elevados de glicose em coelhos diabéticos induzidos por aloxana após 2 bocas de tratamento. Outro estudo foi concebido para investigar as possíveis propriedades insulinotrópicas do óleo de *N. sativa* na diabetes mellitus induzida por estreptozotocina e nicotinamida em hamsters. Após quatro semanas de tratamento com óleo de *N. sativa*, foi observada uma diminuição significativa do nível de glucose no sangue, juntamente com um aumento significativo do nível de albumina sérica (Farah *et al.*, 2002). O estudo também foi confirmado pelos seus efeitos protectores na diabetes para o extrato bruto e o extrato de n-hexano da semente de *N. sativa* (Matira *et al.*, 2008). O estudo clínico da *N. sativa* em 60 pacientes diabéticos demonstra uma melhoria significativa no que diz respeito ao colesterol total, ao colesterol de lipoproteínas de baixa densidade (LDL-C) e à glicemia em jejum, indicando a sua eficácia como terapia complementar em pacientes com síndrome de resistência à insulina (Najmi *et al.*, 2008).

Num outro estudo, Nadia e Taha (2009) avaliaram o efeito do óleo de sementes de *N. sativa* e da timoquinona no stress oxidativo e na neuropatia em ratos diabéticos induzidos por estreptozotocina. Os resultados indicaram um aumento acentuado das concentrações de norepinefrina e dopamina e uma diminuição acentuada da concentração de serotonina em comparação com o grupo de controlo. Estes resultados foram parcialmente invertidos pela administração oral de óleo NS ou TQ.

1.3.1.4.3.6.6 Atividade antimicrobiana:

O efeito antibacteriano da fração fenólica do óleo de *N. sativa* foi relatado pela primeira vez por Topozada *et al.* (1965). Foi relatado que o extrato e o óleo têm um amplo espetro de atividade contra um número de micróbios. Os efeitos antibacterianos *in vitro* do óleo essencial mostraram uma atividade pronunciada mesmo em diluições 1:1000 contra vários organismos que incluem *Staphylococcus albus, E. coli, Salmonella typhi, Vibrio cholera*. O óleo foi mais eficaz contra organismos gram positivos do que gram negativos. El-Kamali *et al.* (1998), utilizando o método de difusão em placa, confirmou o relatório e mostrou que o óleo essencial era eficaz contra bactérias gram positivas (*Bacillus substilis* e *Staphylococcus aureus*) e gram negativas (*E. coli* e *Pseudomonas aeruginosa*); o efeito antibacteriano foi máximo quando *Bacillus substilis* foi utilizado. Verificou-se que o óleo tem uma excelente atividade antifúngica, particularmente contra espécies de *Aspergillus*. Num estudo que utilizou *o citomegalovírus* murino como modelo, a administração intraperitoneal de óleo diminuiu substancialmente a carga viral no fígado e no baço (Salem et al., 2000).

1.3.1.4.3.6.7 Atividade antiparasitária:

Foi demonstrado que o óleo *de N. sativa* possui propriedades anticestodais e antinematodais. Num estudo recente, o óleo *de N. sativa* demonstrou ser eficaz na redução do número de vermes *Schistosoma mansoni* no fígado e diminuiu o número total de óvulos depositados tanto no fígado como no intestino (Mahmoud et al., 2002; ElShenawy et al., 2008). Recentemente, *a Nigella* também demonstrou ser eficaz contra outros helmintas, como a *Hymenolepis nana* (Ayaz *et al.*, 2007*)*. Desempenha esta função aumentando a imunidade do hospedeiro. Foram observados efeitos protectores semelhantes contra outros vermes, como a *Trichinella spiralis* e a *Aspiculuris* (AbuElEzz, 2005).

1.3.1.4.3.6.7.1 Anti-malária :

Descobriu-se que vários extractos de *N. sativa* mostram atividade antiplasmodial contra infecções de plasmódios *in vivo* e *in vitro*. Apresenta uma inibição de 100% do crescimento do parasita (*Plasmodium falciparum*) a uma concentração de 50 ug/ml. *A N. sativa* apresenta uma atividade dependente da dose contra o parasita (Abdulelah *et al.*, 2007; El-Hadi *et al.*, 2010). **1.3.1.4.3.6.8 Atividade analgésica e anti-inflamatória:**

Houghton *et al.* (1995) relataram que o óleo fixo bruto de *N. sativa* e um princípio ativo, a timoquinona (TQ), inibe a via da cicloxigenase e da 5-lipooxigenase do metabolismo do araquidonato em leucócitos peritoneais de ratos. O efeito foi demonstrado através da inibição dependente da dose da formação de tromboxano B2 e leucotrienos B4. Este efeito foi mais tarde confirmado em estudos experimentais em animais realizados utilizando uma suspensão aquosa de sementes esmagadas de *N. sativa* por Al-Ghamdi (2001). Neste estudo, a formação de edema na pata traseira do rato foi inibida e estes efeitos foram comparáveis aos da Aspirina utilizada como um medicamento antiflamatório padrão. Khanna *et al.* (1993), utilizando três testes antinociceptivos em ratos e ratinhos (teste das placas quentes, teste da cauda beliscada, contorção induzida por ácido acético), concluíram que o óleo fixo das sementes é dotado de fortes acções antinociceptivas e que estas acções se devem a um princípio opióide no óleo, uma vez que foram antagonizadas pela naloxona. Abdel Fattah et al. (2000) utilizaram quatro modelos diferentes de analgesia (teste da placa quente, teste da cauda comprimida, escrita induzida por ácido acético e dor induzida por formalina) para estudar a atividade analgésica do fármaco. O mecanismo do efeito anti-inflamatório e analgésico parece estar relacionado com a inibição da síntese de eicosanóides, tal como sugerido pelo estudo de Houghton *et al.* (1995).

1.3.1.4.3.6.9 Efeitos antinociceptivos:

O estudo mostrou que a administração oral de óleo de *N. sativa* extraído de sementes *de N. sativa* egípcia produz um efeito supressor nas respostas nociceptivas causadas por estímulos nociceptivos térmicos, mecânicos e químicos em ratos e que o efeito antinociceptivo do óleo *de N. sativa* é parcialmente atribuível ao seu componente, a timoquinona. Revelou também que pelo menos os sistemas opióides supra-espinhais estão envolvidos no efeito antinociceptivo da timoquinona (Abdel Fattah *et al.*, 2000; Al- Shebani e Al-Tahan, 2009).

1.3.1.4.3.6.10 Atividade antiulcerosa:

O extrato aquoso de sementes de *N. sativa* foi eficaz na redução do índice de úlcera induzido pela aspirina em cerca de 36% (Rajkapoor *et al.*, 1996). Noutro estudo, o óleo de semente de *N. sativa* mostrou efeitos protectores na formação de gastrite de stress em ratos hipotiroidianos (Khaled *et al.*, 2009). Um estudo clínico recente também é apoiado pela erradicação da *Helicobacter pylori* em pacientes com dispepsia não ulcerosa (Salem *et al.*, 2010).

1.3.1.4.3.6.11 Ação anti-histamínica:

O efeito anti-histamínico foi investigado pela primeira vez por El-Dakhakhany *et al.* (1982) que relataram a ação protetora da timoquinona e da fração de carbonilo de

N. sativa contra o broncoespasmo induzido pela histamina em cobaias. Além disso, um estudo *in vitro* demonstrou que a nigelona, isolada de *N. sativa*, inibiu eficazmente a libertação de histamina dos mastócitos, possivelmente através da diminuição do cálcio intracelular e da inibição da proteína quinase C (Chakarvarti *et al.*, 1993). Estes efeitos, juntamente com acções analgésicas e anti-inflamatórias, talvez possam ser correlacionados com a utilização de *N. sativa* em eczemas e asma, para picadas de escorpião e aranha e para mordeduras de gato, cão e cobra, recomendada na medicina popular (Al-Jishi *et al.*, 2003). **1.3.1.4.3.6.12 Efeito no sistema cardiovascular:**

N. sativa sozinha ou em combinação com mel ou alho são promovidas para o tratamento da hipertensão, o que chamou a atenção de El-Tahir *et al.* (1993) para investigar a ação do óleo volátil de *N. sativa* e do seu constituinte ativo timoquinona na pressão sanguínea arterial e no coração de ratos anestesiados. Ambos os agentes produzem uma diminuição dependente da dose no processador do sangue arterial e na frequência cardíaca. Estes efeitos foram significativamente antagonizados pela atropina, ciproheptadieno e hexametónio. Isto sugere que estes efeitos foram antagonizados centralmente principalmente através do envolvimento do mecanismo 5-hidroxitriptaminérgico e muscarínico. A dose oral de 0,6 ml/kg/dia de extrato de *N. sativa* produziu um efeito hipotensor significativo em ratos espontaneamente hipertensos. Estes resultados foram significativamente comparáveis com o medicamento anti-hipertensivo padrão nifedipina (Zaoui *et al.*, 2002). Concluiu-se que o efeito do medicamento se devia parcialmente ao seu efeito diurético, que era comparável ao da furosemida 0,5 mg/kg/dia. Num estudo, a suplementação dietética de dois meses com extrato de *N. sativa* em ratos normais mostrou uma hipertrofia cardíaca homogénea e uma maior contratilidade cardíaca em condições de base. Os corações dos ratos *tratados com Nigella* desenvolveram uma hipertrofia moderada, mas significativa, que foi evidenciada por um aumento da relação entre o peso do coração e o peso corporal. A hipertrofia cardíaca *induzida pela Nigella* observada foi associada a um aumento das propriedades inotrópicas cardíacas de base (Yar *et al.*, 2008).

1.3.1.4.3.6.13 Efeitos anti-hiperlipedémicos :

As sementes de *N. sativa* foram avaliadas em vários modelos animais quanto à atividade de redução de lípidos, em que o extrato de sementes administrado por via oral mostrou uma atividade promissora. Reduz significativamente o colesterol sérico e o nível de lipoproteínas (Le *et al.*, 2004; El Dakha Khani *et al.*, 2000; Muhammad *et al.*, 2007; Khadiga *et al.*, 2009; Bahram *et al.*, 2009; Ghanya *et al.*, 2010). O estudo também foi realizado em seres humanos através da administração do pó de sementes de *N. sativa* antes do pequeno-almoço durante dois meses e verificou-se que reduziu o colesterol total, triglicéridos, colesterol LDL numa extensão altamente significativa (Inayat *et al.*, 2009; Datau *et al.*, 2010).

1.3.1.4.3.6.14 Efeito no trato gastrointestinal:

Na medicina Unani, *a N. sativa* é utilizada para dores de estômago e como digestivo, carminativo, laxante e anti-iterícia (Chopra *et al.*, 1956). Foi relatado que o pó oral de *N. sativa* alivia a flatulência. A Nigellone, um princípio ativo da *N. sativa*, antagoniza as contracções induzidas pela histamina no intestino da cobaia. Além disso, foi relatado um efeito colerético do óleo de *N. sativa* e dos seus princípios activos (timoquinona, timohidroquinona e ditimoquinona), respetivamente (Mahfouz e El-Dakhakhany, 1960). El-Dakhakhani *et al.* (1965, 2000) investigaram o efeito do óleo *de N. sativa* na secreção gástrica e na úlcera induzida por etanol em ratos. Foi relatado um aumento significativo do teor de mucina, do nível de glutatião, bem como uma diminuição significativa do teor de histamina na mucosa e da formação de úlceras, com um rácio de proteção de 53,56%, no grupo pré-tratado com óleo de *N. sativa*. Mais recentemente, o extrato bruto de *N. sativa* demonstrou causar um relaxamento dependente da dose (0,1 a 3,0 mg/ml) das contracções espontâneas do jejuno de coelho, bem como a inibição das contracções induzidas por K + - numa gama de doses semelhante, o que sugere um bloqueio dos canais de cálcio (Gilani *et al.*, 2001). Recentemente, Abdel-Sater (2009) investigou os efeitos protectores da *N. sativa* no hipotiroidismo induzido pelo desenvolvimento de gastrite aguda por stress de restrição de frio em ratos.

1.3.1.4.3.6.15 Efeito no sistema respiratório:

El-Tahir *et al.* (1993) relataram que o óleo volátil das sementes de *N. sativa* produz aumentos dependentes da dose na frequência respiratória e na pressão intratraqueal da cobaia. Quando o estudo foi realizado utilizando apenas a timoquinona, o princípio ativo do volátil, verificou-se que apenas aumentava a pressão intratraqueal sem ter um efeito significativo na frequência respiratória, pelo que o autor sugere que o óleo volátil pode ser utilizado como potencial estimulante respiratório se a timoquinona for removida do óleo.

Assim, o óleo pode ser utilizado na asma. Gilani *et al.* (2001) estudaram o efeito de um extrato bruto de sementes de *N. sativa* no jejuno isolado de coelho e na preparação traqueal de cobaia. O extrato revelou um relaxamento dependente da dose da contração espontânea no jejuno do coelho e a inibição das contracções induzidas pelo KCl. Estas acções foram semelhantes às produzidas pelo verapamil, um antagonista dos canais Ca++. As actividades farmacológicas acima referidas da fração de éter de petróleo do extrato foram cerca de 10 vezes superiores às do extrato bruto. Numa experiência *in vitro* realizada por Chakravarti *et al.* (1993), sugere-se que a nigelona, um polímero de carbonilo de timoquinona isolado de sementes de *N. sativa*, inibiu eficazmente a libertação de histamina dos mastócitos, mostrando assim a base para a sua utilização tradicional na asma. Os resultados de um estudo clínico de *N. sativa* realizado em crianças mostraram que controla a pieira associada a doenças do trato respiratório inferior (Jameel *et al.*, 2009). Noutro estudo clínico com quarenta (40) vítimas de guerra química, Mohammad e Javed (2008) investigaram o efeito da *N. sativa* nos sintomas respiratórios. Registaram a pontuação dos sintomas em três visitas diferentes e encontraram uma melhoria significativa na pontuação de todos os sintomas respiratórios e sibilância na segunda e terceira visitas em comparação com as primeiras visitas.

1.3.1.4.3.6.16 Efeito no sistema nervoso:

As sementes de *N. sativa* revelaram uma atividade analgésica narcótica promissora mediada possivelmente através de receptores opióides (Khanna *et al.*, 1993). O óleo das sementes apresentou um efeito depressor do sistema nervoso central (SNC) e um potencial efeito analgésico. Também se verificou que potenciava o tempo de sono induzido pela pentobarbitona. O estudo realizado em culturas de neurónios corticais e a influência da libertação de neurotransmissores mostraram indicar um aumento da secreção de neurotransmissores. Também modula a libertação de aminoácidos em neurónios de cultura. Verificou-se um aumento da atividade do GABA, ao passo que a secreção de glutamato, aspartato e glicina diminuiu. Todos os resultados representam os efeitos sedativos e depressivos do extrato de sementes de *N. sativa* (Tarek *et al.*, 2010). Verificou-se também que a administração repetida de *N. sativa* diminui a renovação da 5HT e produz atividade ansiolítica (Perveen *et al.*, 2009). A timoquinona é o principal constituinte das sementes de *N. sativa*. Num dos estudos realizados em ratos, a timoquinona demonstrou ter atividade anticonvulsiva (Hosseinzadeh *et al.*, 2004; Hosseinzadeh *et al.*, 2005).

1.3.1.4.3.6.17 Efeito no sistema imunitário:

Como remédio natural, as pessoas tomam as sementes ou o óleo de *N. sativa* como um promotor de boa saúde e para a profilaxia da constipação comum e da asma. Em vista disso, El-Kadi *et al.* (1986) investigaram o efeito de *N. sativa* no sistema imunitário e descobriram que a droga tem propriedades imuno potenciadoras em células T humanas *in vitro*. Isto foi confirmado por Haq *et al.* (1995) que mostraram que as sementes de *N. sativa* activam os linfócitos T para segregar a produção de interleucina, IL-3 e IL-1B. Em experiências posteriores, purificaram as proteínas das sementes inteiras de *N. sativa* e é de notar que algumas proteínas têm propriedades supressoras e outras têm propriedades estimuladoras na cultura de linfócitos (Haq *et al.*, 1999).

1.3.1.4.3.6.18 Efeito no sistema geniturinário:

O estudo mostrou que o óleo volátil de *N. sativa* inibiu a contração espontânea do músculo liso uterino de ratos e cobaias induzida pela oxitocina (Aqel *et al.*, 1996). Também foi referido que o óleo bruto *de N. sativa* induziu contracções uterinas tanto *in vivo* em coelhas grávidas como *in vitro* em úteros de ratas não grávidas (El-Naggar e El-Deib, 1992). Da mesma forma, verificou-se que o extrato de hexano de *N. sativa* exibiu uma atividade uterotrópica ligeira e impediu a gravidez em ratos quando administrado no dia 1 a 10 pós-coito (Keshri *et al.*, 1995). **1.3.1.4.3.6.19 Efeito no sistema reprodutor:**

O estudo de sessenta dias de sementes *de N. sativa* mostra um aumento do peso dos órgãos reprodutores, da motilidade dos espermatozóides e da contagem na cauda epididimida e nos canais testiculares. Verificou-se que a espermatogénese aumentou nos espermatócitos primários e secundários. Quanto à fertilidade, registou-se um aumento do número de fêmeas de ratos grávidas (Mukhallad *et al.*, 2009; Al-Sa'aidi *et al.*, 2009).

1.3.1.4.3.6.20 Efeito no sangue:

Em vista disso, o extrato de éter de petróleo de *N. sativa* foi estudado quanto à sua ação na coagulação do sangue e foi relatado que encurta o tempo de coagulação do sangue total, o tempo de coagulação do plasma e o tempo de coagulação de caulino-cefalina de coelhos machos quando comparado com o controlo. Além disso, foi também observada uma redução significativa do tempo de hemorragia em ratos. No entanto, não se registaram efeitos significativos no tempo de trombina ou no tempo de protrombina, mas o tempo de tromboplastina parcial foi reduzido, enquanto o tempo de euglobulina foi prolongado (Ghoneim *et al.*, 1982).

1.3.1.4.3.7 Relatório toxicológico:

O extrato de sementes e os seus constituintes parecem ter um baixo nível de toxicidade. A toxicidade do óleo fixo (10 ml/kg durante 12 semanas) de sementes de *N. sativa* em ratos e ratazanas foi investigada através da determinação dos valores LD_{50} e do exame de possíveis alterações bioquímicas, hematológicas e histopatológicas. A baixa toxicidade do óleo fixo *de N. sativa* foi evidenciada por valores elevados de LD_{50} (11,915 ml/kg), estabilidade de enzimas hepáticas chave e valores têm integridade de órgãos. Este facto sugere uma ampla margem de segurança para doses terapêuticas de óleo fixo e sementes *de N. sativa*. O valor LD_{50} da timoquinona foi de 2,4 g/kg. A inclusão de timoquinona na água de beber de ratos a uma concentração de 0,03% durante 90 dias não resultou em sinais de toxicidade, exceto uma diminuição significativa da concentração de glucose no plasma em jejum (Zaoui *et al.*, 2002).

Num estudo recente sobre a toxicidade de órgãos induzida pelo diazinão, com o extrato de sementes de *N. sativa* administrado oralmente durante três e seis semanas, o estudo observou alterações extensas e atenuadas dos parâmetros hematológicos e bioquímicos em ratos tratados com diazinão. Com base nestes resultados, sugeriram que as sementes de *N. sativa* podem ser consideradas como um agente terapêutico promissor contra a hematotoxicidade, a imunotoxicidade, a hepatoxicidade, a nefrotxicidade e a cardiotoxicidade induzidas pelo diazinão e podem ser contra outros poluentes químicos, contaminantes ambientais e factores patogénicos (Atef e Wafa, 2010). Alguns outros estudos também demonstram que o tratamento com *N. sativa* resultou numa diminuição significativa das perturbações hematológicas induzidas pela aflatoxina (Abdel-Wahhab e Aly, 2005) e pelo cádmio (Demir *et al.*, 2006). Não foram registadas alterações patológicas notáveis na medula óssea de animais tratados com suspensão de *N. sativa* na toxicidade da medula óssea induzida por tetracloreto de carbono *(*Abou *et al.*, 2007).

1.3.2.4.2 *Cyperus rotundus* Linn:

1.3.1.4.4.1 Introdução:

Cyperus rotundus Linn (Família: Cyperaceae), também conhecido como junco-da-noz-roxa ou erva-da-noz, é uma erva daninha perene comum com rizomas rastejantes delgados e escamosos, bulbosos na base e que surgem isoladamente dos tubérculos com cerca de 1-3 cm de comprimento. Os tubérculos são exteriormente de cor negra e interiormente de cor branca avermelhada, com um odor caraterístico. Os caules atingem cerca de 25 cm de altura e as folhas são lineares, verde-escuras e estriadas na face superior. As inflorescências são pequenas, com 2-4 brácteas, constituídas por pequenas flores com uma casca castanha-avermelhada. A noz é triangular, oblongo-ovalada, de cor amarela e preta quando madura. *O C. rotundus* é originário da Índia, mas atualmente encontra-se em regiões tropicais, subtropicais e temperadas (Uddin, *et al.*, 2006).

1.3.1.4.4.2 Classificação científica:

Reino	Plantae
Filo Spermatophyta	
Família	Cyperaceae
Género	*Cyperus*
Espécies	*rotundus*

Figura 1.4: Amostra de laboratório de *Cyperus rotundus* L. (planta inteira).

1.3.1.4.4.3 Descrição botânica:

Generalidades: A nogueira-roxa é uma planta colonial, herbácea, perene, com raízes fibrosas, que cresce tipicamente entre 7-40 cm de altura e se reproduz extensivamente por rizomas e tubérculos. Os rizomas são inicialmente brancos e carnudos, com folhas escamosas, tornando-se depois fibrosos, rijos e castanhos muito escuros com a idade. Os rizomas podem crescer em qualquer direção no solo. Os que crescem para cima e atingem a superfície do solo aumentam de tamanho, formando uma estrutura com 2-25 mm de diâmetro, designada por "bolbo basal, bolbo tuberoso ou cormo", que produz rebentos, raízes e outros rizomas. Os rizomas que crescem para baixo ou horizontalmente formam tubérculos individuais ou cadeias de tubérculos. Os tubérculos individuais são castanho-avermelhados escuros quando maduros, têm cerca de 12 mm de espessura e variam de 10 a 35 mm de comprimento. e são semelhantes a erva, variando em tamanho de 5-12 mm de largura a 50 cm de comprimento e têm um canal proeminente na secção transversal. As bainhas das folhas são tubulares e membranosas e fixam-se a nós compactos na base da planta ou perto dela.

Os caules verticais têm 10-50 cm de altura, são lisos, triangulares em secção transversal e suportam uma inflorescência muito ramificada. Duas a quatro brácteas semelhantes a folhas subtendem a inflorescência, que é semelhante a uma umbela, consistindo em 3-9 ramos de comprimento desigual (por vezes referidos como raios) com espigas de 3-10 espiguetas.

As espiguetas são achatadas e lineares, com 10-30 mm de comprimento, e geralmente de cor púrpura avermelhada escura ou castanha avermelhada. Cada uma das cerca de 20 flores (floretes) de uma espigueta é subtendida por uma escama quilhada (glumas) de 2-5 mm de comprimento, com uma nervura central verde e uma margem membranosa. As flores são bissexuais, cada uma com três estames e um pistilo com três estigmas. O fruto, embora raramente produzido, é constituído por um aquénio triangular (nutlet).

1.3.1.4.4.4 Distribuição:

A nogueira-roxa é alegadamente originária da Índia, mas foi introduzida em todo o mundo (Holm *et al.*, 1977). A planta é uma praga grave no Sudeste, desde a Virgínia até ao centro do Texas. Também se estabeleceu em partes do Arizona e da Califórnia e tem potencial para invadir outros estados do Pacífico. (Southern Weed Science Society 1995; FICMNEW 1997). Esta espécie ocorre ocasionalmente em regiões mais temperadas. Por exemplo, a sua presença no condado de Stearns, Minnesota, foi documentada por um espécime no Herbário da Universidade, recolhido por J. E. Campbell, em julho de 1896 (MIN: número de acesso 81217), mas a nutsedge roxa não persistiu neste e noutros locais frios. O limite norte da nutsedge no Japão situa-se numa região onde a temperatura atmosférica mínima média é de -50C, temperatura abaixo da qual os tubérculos não germinam (Ueki, 1969). A temperatura parece limitar a espécie a regiões mais tropicais e temperadas quentes. Para uma distribuição atual, consultar a página do perfil da planta para esta espécie no sítio Web PLANTS.

1.3.1.4.4.5 Utilizações medicinais:

Segundo a Ayurveda, os rizomas de *C. rotundus* são considerados adstringentes, diaforéticos, diuréticos, analgésicos, antiespasmódicos, aromáticos, carminativos, antitússicos, emenagogos, litolíticos, sedativos, estimulantes, estomacais, vermífugos, tónicos e antibacterianos.

Pode ser um bom remédio para a indigestão à luz dos constituintes presentes, por exemplo, existem muitas enzimas para hidratos de carbono e minerais que actuam como catalisadores de várias reacções bioquímicas e ajudam a indigestão. Também é útil para a gestão dietética de doenças psicóticas e distúrbios metabólicos (Anónimo, 1950).

São utilizadas no tratamento de náuseas e vómitos, dispepsia, cólicas, flatulência, diarreia, disenteria, parasitas intestinais, febre, malária, tosse, bronquite, cálculos renais e vesicais, tenesmo urinário, doenças da pele, feridas, amenorreia, dismenorreia, lactação deficiente, perda de memória, picadas de insectos, intoxicação alimentar, indigestão, náuseas, disúria, bronquite, infertilidade, cancro do colo do útero e distúrbios menstruais, e os óleos aromáticos são utilizados em perfumes e salpicos (Yeung, 1985; Duke e Ayensu, 1985; Bown, 1995; Chopra, 1986 & Who, 1998).

1.3.1.4.4.6 Componentes químicos:

Vários compostos químicos foram isolados da pior erva daninha do mundo, *C. rotundus* (Sonwa e Koenig, 2001), e alguns desses produtos químicos possuem propriedades medicinais e são usados na América Latina, China, Índia e em outros lugares (Ellison e Barreto, 2004; Gupta, *et al.*, 1971 e Sharma, R. e Gupta, 2007). Várias preparações de *C. rotundus* têm sido usadas durante séculos em perfumes, especiarias e medicamentos tradicionais na Índia, China, Arábia e África. É também um ingrediente importante do neutracêutico ayurvédico anti-envelhecimento Chyavanprash (Sharma, R. e Gupta, 2007).

Diferentes estudos fitoquímicos sobre *C.rotundus* revelaram a presença de alcalóides, flavonóides, taninos, amido, glicosídeos, furocromonas, monoterpenos, sesquiterpenos, sitosterol, óleo gordo contendo uma substância cerosa neutra, glicerol, ácidos linolénico, mirístico e esteárico (Harborne, *et al.*, 1982; Sri Ranjani, e Prince, 2012; Akperbekova, 1967 & Dutta, e Mukerji, 1949). Os principais compostos isolados do óleo essencial e dos extractos do rizoma de *C.rotundus* são a alfa-ciperona, o alfa-rotunol, a beta-ciperona, o beta-pineno, o beta-rotunol, o beta-selineno, o cálcio, o canfeno, o copeno, o cipereno, a ciperenona, o ciperol, Cyperolone Cyperotundone D-copadieno, D-epoxyguaiene, D-frutose, D-glucose, Flavonóides, Gama-cimeno, Isocyperol, Isokobusone, Kobusone, Limonene, Ácido Linoleico, Ácido Linolénico, Magnésio, Manganês, C. rotunduskone, ácido mirístico, ácido oleanólico, ácido oleanólico-3-o-neohesperidosídeo, ácido oleico, P-cimol, patchoulenona, pectina, polifenóis, rotundeno, rotundenol, rotundona, selinatrieno, sitosterol, ácido esteárico, sugeonol, sugetriol (Salman, et al, 2011; Oladipupo e Adebola, 2009; Sonwa, e Konig, 2001 & Jeong, *et al.,* 2000) .

A C. rotundus contém um óleo essencial que proporciona o odor e o sabor caraterísticos da erva, composto principalmente por hidrocarbonetos sesquiterpénicos, epóxidos, cetonas, monoterpenos e álcoois alifáticos. Os sesquiterpenos incluem selineno, isocurcumenol, nootkatone, aristolone, isorotundene, cypera-2,4(15)-diene e norrotundene, bem como os alcalóides sesquiterpénicos rotundines A-C. Outros constituintes incluem a cetona ciperadiona e os monoterpenos cineol, canfeno e limoneno. Foi também demonstrado que *o C.rotundus* contém triterpenos diversos, incluindo ácido oleanólico e sitosterol, bem como flavonóides, açúcares e minerais (Sonwa, e Konig, 2001 & Jeong, *et al.*, 2000).

A composição química dos óleos voláteis de *C.rotundus* foi extensivamente estudada e foram registados quatro quimiotipos (tipos H-, K-, M- O-) dos óleos essenciais de diferentes partes da Ásia (Kilani, *et al.*, 2008; Komai, K. e Tang, 1989; Komai, *et al.*, 1994; Ekundayo, *et al.*, 1991; Kilani, *et al.*, 2005; Zoghbi, *et al.*, 2002 & Jirovetz, *et al.*, 2004).

O tipo H do Japão continha a-ciperona (36,6%), β-selineno (18,5%), ciperol (7,4%) e cariofileno (6,2%). O tipo M da China, Hong Kong, Japão, Taiwan e

Vietname tinha a-ciperona (30,7%), ciperotundona (19,4%), β-selineno (17,8%), cipereno (7,2%) e ciperol (5,6%). O tipo O do Japão, Taiwan, Tailândia, Havai e Filipinas foi caracterizado por cipereno (30,8%), ciperotundona (13,1%) e β-elemeno (5,2%). Para além disso, o tipo O havaiano tinha como compostos principais a ciperotundona (25,0%) e o cipereno (20,7%). Por fim, o tipo K, também do Havai, era dominado pelo cipereno (28,7%), a ciperotundona (8,8%), o acetato de patchoulenilo (8,0%) e o acetato de sugeonilo (6,9%) (Komai, K. e Tang, 1989; Komai, *et al.*, 1994).

1.3.1.4.4.7 Actividades farmacológicas:

1.3.1.4.4.7.1 Atividade anti-inflamatória:

O extrato alcoólico (álcool 70%) possuía atividade anti-inflamatória contra o edema induzido por carragenina e também foi considerado eficaz contra a artrite induzida por formaldeído em ratos albinos (Sundaram, *et al.*, 2008). Noutro estudo, o extrato de éter de petróleo dos rizomas mostrou atividade anti-inflamatória contra o edema induzido por carragenina em ratos albinos. O triterpenóide obtido por separação cromatográfica do extrato de éter de petróleo revelou uma atividade anti-inflamatória altamente potente. Verificou-se também que este terpenóide possui efeitos antipiréticos e analgésicos significativos semelhantes aos do ácido acetil salicílico. *O C.rotundus* também foi relatado como protetor na doença inflamatória intestinal.

Além disso, o extrato suprimiu a produção de O2- por células RAW 264.7 estimuladas com éster de forbol, de forma dependente da dose e do tempo. Coletivamente, estes resultados sugerem que o extrato de metanol dos rizomas de *C. rotundus* poderia ser desenvolvido como candidato anti-inflamatório para o tratamento de doenças inflamatórias mediadas pela produção excessiva de NO e O2 (Seo, *et al.*, 2001).

Outro estudo sobre o extrato alcoólico de *C. rotundus* mostrou uma atividade anti-inflamatória altamente significativa (P<0,001) contra as fases exsudativa e proliferativa da inflamação em dois modelos animais (edema induzido por carragenina e artrite induzida por formaldeído em ratos). O seu efeito anti-inflamatório relativo foi superior ao da hidrocortisona (75,9% versus 47,3% no modelo de edema induzido por carragenina; 55,1% versus 35,6% no modelo de artrite induzida por formaldeído (Singh, *et al.*, 1970; Singh, *et al.*, 1969 & Singh, e Gilca, 2010).

1.3.1.4.4.7.2 Atividade antipirética:

O extrato alcoólico de *C. rotundus* mostrou uma atividade antipirética altamente significativa (P<0,001) contra a pirexia produzida em ratos albinos pela injeção subcutânea de suspensão de levedura de cerveja seca em goma acácia em solução salina normal. Verificou-se que uma fração específica obtida por método cromatográfico a partir do extrato de éter de petróleo possui um efeito antipirético significativo semelhante ao do ácido acetil salicílico quando utilizado no mesmo modelo animal (Gupta, *et al.*, 1971).

1.3.1.4.4.7.3 Atividade analgésica:

O extrato de éter de petróleo e o óleo essencial de *C. rotundus* possuem atividade analgésica (Gupta, *et al.*, 1971 & Birdar, *et al.*, 2010).

1.3.1.4.4.7.4 Atividade tranquilizante:

O extrato etanólico de *C. rotundus* mostrou uma atividade tranquilizante potente em vários testes: reduziu a atividade motora espontânea, potenciou a narcose pentobarbital e alterou a coordenação motora, aboliu a resposta de evitamento condicionado em animais (Singh, *et al.*, 1970).

1.3.1.4.4.7.5 Atividade anticonvulsiva:

O pré-tratamento com extrato etanólico de *C.rotundus* causou uma proteção significativa contra convulsões induzidas por estricnina e leptazol em ratos (Pal, *et al.*, 2009).

O extrato etanólico dos rizomas (100mg/kg, p.o.) reduziu significativamente a extensão dos membros posteriores e a duração da convulsão ($p<0,001$), o que foi comparável ao medicamento padrão Fenitoína (25mg/kg, i.p.) e Diazepam (4mg/kg, i.p.), respetivamente. Estes resultados sugerem que o extrato etanólico dos seus rizomas é útil para desenvolver um fitoconstituinte potente para o tratamento da epilepsia e que os flavonóides presentes no extrato etanólico podem ser atribuídos à atividade aticonvulsiva (Shivakumar, *et al.*, 2009).

1.3.1.4.4.7.6 Atividade antiemética:

Verificou-se que o extrato etanólico de *C. rotundus* na dose de $128,1\pm 11,6$ mg/kg protegeu 50% dos cães contra o vómito induzido pela apomorfina (Singh, *et al.*, 1970).

1.3.1.4.4.7.7 Atividade anti-séptica:

O extrato etanólico de *C. rotundus* produziu relaxamento do íleo de coelho e efeito espasmolítico contra contracções induzidas por acetilcolina, cloreto de bário e 5-hidroxitriptamina, mostrando uma ação relaxante direta no músculo liso (Singh, *et al.*, 1970).

1.3.1.4.4.7.8 Inibição da atividade de motilidade gástrica:

O rizoma de *C.rotundus* Linn. foi avaliado quanto aos seus efeitos citoprotectores contra as lesões gástricas induzidas pelo etanol. As decocções de Rhizoma Cyperi foram administradas por via oral a ratos 30 minutos antes da administração de etanol. Os resultados deste estudo sugerem que a ação protetora de *C. rotundus* Linn. está relacionada com a sua inibição da motilidade gástrica e que as prostaglandinas endógenas podem desempenhar um papel importante (Zhu, *et al.*, 1997).

1.3.1.4.4.7.9 Atividade gastroprotectora:

O extrato de *C. rotundus* protegeu contra a lesão da mucosa gástrica induzida por isquemia e reperfusão em ratos. O índice médio de úlcera dos ratos tratados com 200 e 100 mg/kg de *C. rotundus* foi significativamente mais baixo do que o do controlo. As actividades da glutationa-peroxidase e do malondialdeído foram significativamente afectadas pelo tratamento de *C. rotundus*. Os efeitos citoprotectores de *C.rotundus* foram também mencionados no caso de danos gástricos induzidos por etanol em ratos. Decocções de Rhizoma Cyperi foram administradas oralmente (1,25, 2,5, 4,0 g de droga bruta/kg) a ratos 30 minutos antes de o etanol mostrar um efeito inibidor da úlcera de uma forma dependente da dose. O pré-tratamento de ratos com indometacina (5 mg/kg) reduziu significativamente a ação protetora gástrica de *C. rotundus*. Os autores sugeriram que a ação gastroprotectora da *C.rotundus* está relacionada com a sua inibição da motilidade gástrica e das prostaglandinas endógenas (Zhu, *et al.*, 1997).

1.3.1.4.4.7.10 Atividade antidiarreica:

O extrato metanólico do rizoma de *C. rotundus*, administrado oralmente nas doses de 250 e 500 mg/kg, mostrou uma atividade antidiarreica significativa na diarreia induzida por óleo de rícino em ratos. Entre as fracções testadas a 250 mg/kg, verificou-se que a fração de éter de petróleo e a fração de metanol residual mantiveram a atividade, sendo esta última mais ativa em comparação com o controlo. A fração de acetato de etilo não mostrou qualquer atividade antidiarreica (Uddin, *et al.*, 2006).

1.3.1.4.4.7.11 Atividade hemodinâmica (hipotensiva):

O extrato alcoólico de *C.rotundus* produziu uma queda gradual e persistente da pressão sanguínea e estimulou a respiração. As respostas da epinefrina e da acetilcolina na pressão sanguínea não foram alteradas pelo extrato, mas a da histamina foi parcialmente bloqueada (Singh, *et al.*, 1970).

1.3.1.4.4.7.12 Atividade hipolipidémica:

Foram selecionados para o estudo ratos Wistar com 250-300 g de peso. Os animais foram divididos em 7 grupos, sendo cada grupo composto por 6 ratos. Os ratos do grupo 1 receberam uma dieta normal em pellets e receberam uma solução de CMC de sódio a 0,1%, que serviu de veículo de controlo. Os ratos pertencentes aos restantes 6 grupos receberam uma dieta rica em gorduras durante toda a duração do estudo, ou seja, durante 25 dias. A hiperlipidemia induzida por uma dieta rica em gordura é um dos métodos mais comuns para induzir a hiperlipidemia. Por conseguinte, a hiperlipidemia foi induzida por alimentação oral com uma dieta rica em gorduras. A dieta rica em gordura era constituída por ração enriquecida com alto teor calórico e 1%

de colesterol. Após 10 dias de indução de hiperlipidemia, o grupo 2 de animais não foi tratado e serviu como controlo da dieta rica em gordura. Os restantes grupos receberam o tratamento seguinte durante 15 dias. O grupo 3 e o grupo 4 foram tratados oralmente com os medicamentos padrão Sinvastatina (5 mg/kg/dia) e Fenofibrato (20 mg/kg/dia), respetivamente. Os grupos 5, 6 e 7 foram tratados por via oral com extrato aquoso na dose de 100 mg/kg/dia, 200 mg/kg/dia e 400 mg/kg/dia, respetivamente. Todos os fármacos foram suspensos em 0,1% de Na CMC (veículo). As amostras de sangue foram retiradas do plexo retro-orbital após jejum noturno. O soro foi separado do sangue por centrifugação durante dez minutos a três mil rpm, sendo subsequentemente analisado quanto ao colesterol total, triglicéridos e colesterol HDL utilizando kits disponíveis no mercado (Erba Diagnostics Germany). O LDL sérico foi calculado pela fórmula de Friedwald (Friedwald, *et al.,* 1972).

Num outro estudo, a administração de extrato de *C. rotundus* restaurou a alteração associada à idade nos lípidos séricos (colesterol total, colesterol LDL, colesterol DL, triglicéridos e nível de triglicéridos VLDL) para o nível de ratos de controlo jovens. Em ratos jovens, o tratamento com *C. rotundus* aumentou significativamente o nível de colesterol HDL (Nagulendran, *et al.,* 2007).

1.3.1.4.4.7.13 Atividade hepatoprotectora:

O extrato de acetato de etilo e duas fracções brutas, éter de solvente e acetato de etilo, dos rizomas de *C. rotundus* (Cyperaceae) foram avaliados quanto à atividade hepatoprotectora em ratos através da indução de lesões hepáticas por tetracloreto de carbono. O extrato de acetato de etilo numa dose oral de 100 mg/kg exibiu um efeito protetor significativo ao reduzir os níveis séricos de transaminase glutâmica oxaloacética, transaminase glutâmica pirúvica, fosfatase alcalina e bilirrubina total. Estas observações bioquímicas foram completadas por um exame histopatológico de secções do fígado. A silimarina foi utilizada como controlo positivo (Kumar e Mishra, 2005).

1.3.1.4.4.7.14 Atividade inibitória sobre a Na +/K+-ATP-ase do cérebro:

O extrato de *C. rotundus* mostrou uma atividade inibidora altamente potente na enzima bruta Na+/K+-ATP-ase do cérebro de rato (Ngamrojanavanish, *et al.,* 2006).

1.3.1.4.4.7.15 Atividade anti-obesidade:

As preparações *de C. rotundus* (pó em suspensão fina, extractos aquosos e alcoólicos) exibiram uma ação lipolítica e mobilizaram a gordura dos tecidos adiposos em ratos, ajudando assim a reduzir a obesidade (Bambhole, 1988).

Um estudo piloto efectuado em 30 pessoas obesas a quem foi administrado o tubérculo em pó de *C. rotundus* durante 90 dias, mostrou uma redução do peso juntamente com uma diminuição do colesterol sérico e dos triglicéridos (Karnick, 1992).

1.3.1.4.4.7.16 Atividade antiartrítica:

Singh e os seus colaboradores foram os primeiros a descobrir a atividade anti-inflamatória, antipirética e anti-reumática de *C. rotundus* (Sri Ranjani, e Prince, 2012). Foi efectuado um ensaio duplo cego de pó bruto de *C. rotundus*, *Withania somnifera* e a sua combinação (1:1) em 200 pacientes que sofrem de artrite reumatoide. Dos 200 pacientes selecionados para o estudo, 196 completaram o ensaio de 3 meses. Cada grupo (incluindo o grupo placebo) era composto por 50 doentes. Cada doente recebeu uma cápsula de 500 mg três vezes por dia durante três meses. Durante este período, foi feita uma avaliação geral quinzenal com base em critérios globais (duração da rigidez matinal, força de preensão, índice articular, consumo de analgésicos de escape, taxa de sedimentação de eritrócitos, hemoglobina, título do fator reumatoide, resultados de raios X). *C. rotundus* foi mais eficaz do que W. somnifera e, quando ambos os fármacos foram combinados, a resposta foi melhor do que a resposta de um único fármaco. Também a preferência dos pacientes (contra o analgésico de escape) foi maior no caso de ervas combinadas (Singh, *et al.*, 1970; Singh, e Mittal, 1974 & Singh, *et al.*, 1986).

1.3.1.4.4.7.17 Atividade de cicatrização de feridas:

Um extrato alcoólico de partes do tubérculo de *C.rotundus* foi examinado quanto à atividade de cicatrização de feridas sob a forma de pomada em três tipos de modelos de feridas em ratos: a excisão, a incisão e o modelo de ferida de espaço morto. As pomadas de extrato mostraram uma diferença considerável na resposta em todos os modelos de feridas acima referidos, comparável à de uma pomada de nitrofurazona de medicamento padrão (0,2 % w/w NFZ) em termos de capacidade de contração da ferida, tempo de fecho da ferida e resistência à tração (Puratchikody, *et al.*, 2006).

1.3.1.4.4.7.18 Atividade antioxidante:

Uma combinação de especiarias (*Piper nigrum, Piper longum* e *Zingiber officinale*), ervas (*Cyperus rotundus* Linn. e *Plumbago zeylanica*) e sais constituem o Amrita Bindu. O estudo centrou-se na avaliação da propriedade antioxidante dos ingredientes individuais do Amrita Bindu contra o radical livre 2,2'-azinobis-(3-ethylbenzothiazoline-6sulphonicacid)(ABTS). A análise revelou o potencial antioxidante dos ingredientes pela seguinte ordem: *Piper nigrum> Piper longum> Cyperus rotundus> Plumbago zeylanca> Zingiber officinale*. Estes resultados revelam que o Amrita Bindu, uma mistura de sal e especiarias à base de plantas que contém *C. rotundus* Linn. exerce um potencial antioxidante promissor contra danos oxidativos induzidos por radicais livres (Natarajan e Paulsen, 2000).

1.3.1.4.4.7.19 Atividade anticancerígena:

Verificou-se que o extrato etanólico de *C. rotundus* tem apenas uma atividade anticancerígena fraca a moderada (LC_{50}=2,528-4,939 mg/ml calculada a partir da dose dependente da morte celular) num estudo que utilizou células neuro-2a para o rastreio de plantas com efeitos tumoricidas (Mazzio e Soliman, 2009). Outro estudo mostrou que o óleo essencial de *C.rotundus* foi muito eficaz contra a linha de células de leucemia L1210. Este resultado foi correlacionado com um aumento significativo da fragmentação do ADN apoptótico (Kilani, *et al.*, 2008).

1.3.1.4.4.7.20 Atividade antidiabética:

A administração oral diária de 500 mg/kg do extrato (uma vez por dia durante sete dias consecutivos) reduziu significativamente os níveis de glicose no sangue em ratos com diabetes induzida por aloxano. Os cientistas concluíram que esta atividade anti-hiperglicémica pode ser atribuída à sua atividade antioxidante, uma vez que a C. rotundus apresentou uma forte ação de eliminação do radical 1,1-difenil-2-picrilhidrazil (DPPH) *in vitro*. Estes resultados são convergentes com o potencial de C. rotundus para suprimir a formação de AGE e a oxidação de proteínas num modelo de glicação de proteínas mediada pela frutose. Os cientistas concluíram que, uma vez que se demonstrou que a glicação não enzimática está correlacionada com a gravidade da diabetes e das suas complicações, a C. rotundus poderia ser um candidato para combater as complicações da diabetes (Ardestani e Yazdanparast, 2007).

1.3.1.4.4.7.21 Atividade antimicrobiana:

A atividade antimicrobiana *in-vitro* através do método de difusão em disco de ágar e do método de difusão em poço de ágar foi avaliada para os extractos aquoso e etanólico. O extrato etanólico foi ativo contra todas as estirpes bacterianas investigadas, enquanto o extrato aquoso foi inativo. Noutro estudo, os extractos de acetona e etanol mostraram uma atividade antibacteriana significativa de largo espetro no método de difusão em disco (Singh e Sharma, 2005). Foram efectuados testes de atividade antimicrobiana em bactérias patogénicas humanas (gram negativas e gm positivas) e em ungi viz. *C.albicans* e *A. niger*. A maior percentagem de inibição foi observada contra *K. pneumoniae* (133,33%). A amoxicilina $^{20\mu g/ml}$ e o etanol (como fungicida) 70% foram utilizados como controlo positivo. Foi observada uma inibição moderada no caso de *A. niger* e *S. aureus* (90 e 70%, respetivamente). Não foi observada nenhuma zona de inibição em *Acinto bacter* e *Candida*.

1.3.1.4.4.7.21.1 Atividade antibacteriana:

O óleo de *C. rotundus* mostrou uma atividade notável contra bactérias gram-positivas Staphylococcus aureus e Enterococus faecalis (Jigna, e Sumitra, 2006). Outro estudo afirmou que foi observado um efeito inibitório acentuado de *C. rotundus* contra Salmonella enteritidis, Staphylococcus aureus e Enterococcus faecalis com flavonóides oligómeros totais (TOFs) e extractos de acetato de etilo (Chandratre, *et al.*, 2012; Kilani, *et al.*, 2008).

Quando as plantas medicinais da Tanzânia foram analisadas, *C. rotundus* mostrou atividade num teste de atividade antimalárica in vitro (Nguyen, 1999).

1.3.1.4.4.7.21.2 Atividade anti-Candida:

Os óleos essenciais e os extractos alcoólicos das folhas e/ou das raízes de 35 plantas medicinais habitualmente utilizadas no Brasil foram analisados quanto à sua atividade *anti-Candida albicans*. Os óleos essenciais de 13 plantas mostraram atividade anti-Candida, incluindo *Aloysia triphylla, Anthemis nobilis, Cymbopogon martini, Cymbopogon winterianus, Cyperus articulatus, Cyperus rotundus* Linn, *Lippia alba, Mentha arvensis, Mikania glomerata, Mentha piperita, Mentha sp.* O extrato etanólico não foi eficaz em nenhuma das concentrações testadas. As análises químicas mostraram a presença de compostos com atividade antimicrobiana conhecida, incluindo 1,8-cineol, geranial, germacreno-D, limoneno, linalol e mentol (Duarte, *et al.*, 2005).

1.3.1.4.4.7.22 Actividades ovicidas e larvicidas:

A eficácia ovicida e larvicida dos óleos essenciais extraídos dos tubérculos de Cyperus giganteus e Cyperus rotundus Linn. foi estudada em ovos e larvas de quarto instar de Aedes albopictus . Os ovos e as larvas foram expostos a uma concentração em série dos óleos que variava entre 5-150 ppm e foram mantidos sob observação durante 24 horas. Ambos os óleos mostraram actividades ovicidas e larvicidas notáveis indicadas por valores EC50 de <5 ppm e valores LC50 e LC90 de <20 ppm. Os resultados obtidos sugerem que os óleos essenciais destas espécies de Cyperus podem servir como uma fonte potencial de agentes mosquitocidas naturais (Kempraj, e Bhat Sumangala, 2008).

1.3.1.4.4.7.23 Efeitos citoprotectores:

O rizoma de *C. rotundus* foi avaliado quanto aos seus efeitos citoprotectores contra as lesões gástricas induzidas pelo etanol. As decocções de Rhizoma Cyperi foram administradas oralmente (1,25, 2,5, 4,0 g de droga bruta/kg) a ratos 30 minutos antes da administração de etanol (40% v/v, 10mL/kg). A decocção mostrou um efeito inibidor da úlcera de uma forma dependente da dose. Além disso, a atividade também foi observada quando a decocção foi administrada por via subcutânea (0,3-0,6 g/kg), sugerindo que a erva possuía efeitos sistémicos na proteção do estômago. Em comparação com os controlos, a motilidade gástrica dos ratos tratados com etanol foi significativamente atrasada pela administração oral (2,5-4,0 g/kg) ou subcutânea (0,3 g/kg) da decocção. O pré-tratamento de ratos com indometacina (5 mg/kg) reduziu significativamente a ação protetora gástrica de *C. rotundus* (Zhu, *et al*., 1997).

1.3.1.4.4.7.24 Estudos toxicológicos:

Os ratos foram divididos em dois grupos de dez animais (cinco machos e cinco fêmeas). O extrato etanólico (2500 mg/ml em 10% de dimetilsulfóxido, DMSO) foi administrado por via oral a ratos numa dose única de 5000 mg/kg de peso corporal, enquanto o grupo de controlo recebeu apenas o veículo. Os animais foram monitorizados quanto ao aparecimento de sinais de toxicidade durante 14 dias. Os animais que morreram durante este período foram necropsiados. Todos os ratos foram pesados e sacrificados no 14º dia após a administração. Por fim, os órgãos vitais, incluindo o coração, os pulmões, os fígados, os rins, o baço, as supra-renais, os órgãos sexuais e o cérebro, foram examinados grosseiramente.

No teste de toxicidade aguda na dose de 5.000 mg/kg, todos os ratos não apresentaram sinais de toxicidade e mortalidade após uma única administração oral de 95% de extrato de etanol dos rizomas de *C. rotundus*. Os resultados da toxicidade subaguda mostraram que a administração do extrato de etanol dos rizomas de *C. rotundus* a uma dose de 1.000 mg/kg diariamente durante 14 dias não causou mortalidade nem alterações comportamentais (Thanabhorn, *et al*., 2005).

Para efeitos do teste, foram selecionados ratos de raça wistar (250-300 g) de ambos os sexos. Os animais foram alojados em gaiolas de polipropileno (6 ratos por gaiola) em boas condições de higiene, com um ciclo natural de luz/obscuridade. Os animais tiveram livre acesso a uma dieta padrão de pellets e a água. O estudo de toxicidade aguda foi realizado de acordo com as diretrizes da OCDE (OECD/OCDE 423 OECD Guideline for testing of chemicals Acute Oral Toxicity -Acute Toxic Class Method Adopted: 17 de dezembro de 2001). Assim, os testes de toxicidade aguda oral revelaram que o extrato de rizomas de *C. rotundus* era seguro até à dose administrada de 2000 mg/kg.

Outros estudos toxicológicos agudos não revelaram mortalidade ou morbilidade até 2000mg/kg de peso corporal em ratos Wistar. O estudo de toxicidade subcrónica revelou que o consumo de alimentos e água e o peso corporal dos animais não variaram significativamente. Mas os parâmetros hematológicos mostraram um aumento na contagem de leucócitos e no nível de hemoglobina. A função renal e a função hepática não se alteraram mesmo após uma exposição a longo prazo (Jebasingh, *et al*., 2012).

1.3.1.5 Protozoários:

1.3.1.5.1 *Entamoeba histolytica*:

1.3.1.5.1.1 Descrição geral:

A amebíase é uma doença parasitária e infecciosa causada por um protozoário chamado *Entamoeba histolytica*. As pessoas afectadas pela amebíase podem ter uma grande variedade de sintomas, incluindo diarreia, febre e cãibras. A doença pode também afetar os intestinos, o fígado ou outras partes do corpo. A amebíase invasiva é a segunda causa mais comum de mortalidade devido a infecções parasitárias no mundo (Stanley, 2003), enquanto a colite amebiana e os abcessos amebianos são a terceira principal causa de morte por doenças parasitárias em todo o mundo, estimando-se que mais de 280 milhões de pessoas estejam infectadas (Upcroft e Upcroft, 2001). A doença está distribuída por todo o mundo, mas a taxa mais elevada encontra-se nas zonas tropicais, especialmente nos países em desenvolvimento, em resultado da falta de saneamento, onde, segundo a OMS, a doença tem uma prevalência de 50 % da população em geral e causa mais de 100 000 mortes por ano.

A Entamoeba hystolytica é uma ameba patogénica, associada a infecções intestinais e extra-intestinais e é um dos principais protozoários patogénicos do trato intestinal humano (Jung e Elain, 2008).

1.3.1.5.1.2 Antecedentes históricos:

A amebíase pode ter sido reconhecida pela primeira vez como uma doença mortal por Hipócrates (460 a 377 a.C.), que descreveu um paciente com febre e disenteria. Saklatvala (1993) observou os marcos no estudo da *E. histolytica* e da amebíase, incluindo: as suas descrições por Losch em 1873; a delineação do abcesso hepático amebiano e da colite por Osler e o seu colega em 1890; a sua cultura axénica por Diamond em 1961 e a diferenciação entre patogénica (E. *histolytica)* e não patogénica (*E. dispar)* em 1979 A sugestão da etiologia parasitária *da E. histolytica* foi registada pela primeira vez em 1855 a partir de um caso em que a ameba foi observada numa amostra de fezes de uma criança com disenteria em Praga (Kean, 1988). Em 1875, Fedor Losch isolou o que acreditava ser um agente causador, que designou por *Amoeba coli*, a partir da amostra de fezes de um doente com disenteria (Obadiah, 2012).

Mais de 90% das mortes causadas por doenças infecciosas em todo o mundo são causadas por apenas um punhado de doenças. A Organização Mundial de Saúde (OMS, 2004) classifica a doença diarreica como a segunda (depois das infecções respiratórias agudas) causa mais comum de morbilidade e mortalidade em crianças no mundo em desenvolvimento. Os agentes etiológicos da diarreia incluem vírus, bactérias e parasitas e, neste contexto, os membros mais importantes deste último grupo são *a Entamoeba histolytica, Giardia intestinalis* e *Cryptosporidium* spp.

1.3.1.5.1.3 Classificação:

Tabela 1.1: <u>Classificação da *Entamoeba histolytica*</u>:

Reino Unido	Protista
Sub-reino	Protozoários
Filo	Sorcomastigophora
Subfilo	Sarcodina
Classe	Lobosea
Ordem	Amebida
Família	Endamoebídeos
Género	*Entamoeba*
Espécies	*Histolytica*

(Adaptado de Cavalier-Smith, 2004).

1.3.1.5.1.4 Morfologia:

A Entamoeba histolytica existe em duas formas: o trofozoíto móvel e invasivo e um quisto infecioso. Os trofozoítos medem de 10 a 50 micrómetros de diâmetro e contêm um único núcleo, enquanto o quisto mede de 10 a 15 micrómetros de diâmetro e contém quatro núcleos quando amadurece. Os quistos são resistentes à acidificação, à cloração e à dessecação, e são capazes de sobreviver num ambiente húmido durante várias semanas. Os quistos são disseminados através da ingestão de alimentos ou água contaminados com fezes (Martinez-Palomo e Espinosa-Cantellano, 1998).

1.3.1.5.1.5 Ciclo de vida:

A Entamoeba histolytica tem um ciclo de vida simples que compreende uma forma de quisto infecioso e uma fase de trofozoíto ameboide. Os quistos têm uma parede espessa feita parcialmente de quitina, o que os torna resistentes ao stress ambiental e ao ácido gástrico no estômago do hospedeiro. O trofozoíto move-se de uma forma caraterística, que Losch descreveu de uma forma muito expressiva quando descobriu o parasita pela primeira vez em 1875 (Lesh, 1975). *A E. histolytica* e *a E. dispar* são semelhantes no que diz respeito à morfologia do quisto, e o único critério morfológico que pode ser utilizado para as separar são os trofozoítos eritrofagocíticos que são por vezes encontrados em amostras de fezes de doentes com disenteria por *E. histolytica*.

Os seres humanos e, ocasionalmente, os primatas não humanos (Rivera *et al.*, 2010) são os únicos hospedeiros naturais de *E. histolytica*, pelo que a importância zoonótica deste parasita é limitada. A infeção ocorre quando os quistos são transmitidos pela via fecal-oral (ingestão de alimentos ou água contaminados) ou através do contacto pessoa a pessoa. A dose infecciosa é considerada baixa, em torno de 10 cistos, embora a única transmissão experimental de Entamoeba que tenha sido feita utilizou cistos de *Entamoeba coli* (Rendtorff, 1954a). A excitação ocorre no intestino delgado, e os trofozoítos libertados migram para o intestino grosso, onde se reproduzem por fissão binária. A encistamento ocorre no cólon, completando assim o ciclo de vida pela excreção de cistos nas fezes. Em casos de diarreia, os trofozoítos também podem ser excretados, mas só conseguem sobreviver durante um curto período de tempo fora do corpo do hospedeiro. As infecções que permanecem luminalmente são geralmente assintomáticas, e a amebíase clínica ocorre apenas quando os trofozoítos rompem a barreira mucosa e penetram na parede do cólon, o que causa úlceras que levam à disenteria amebiana. Muito menos frequentemente, os trofozoítos são disseminados através da veia porta para o fígado e, muito raramente, chegam a disseminar-se para outros órgãos, como os pulmões e o cérebro.

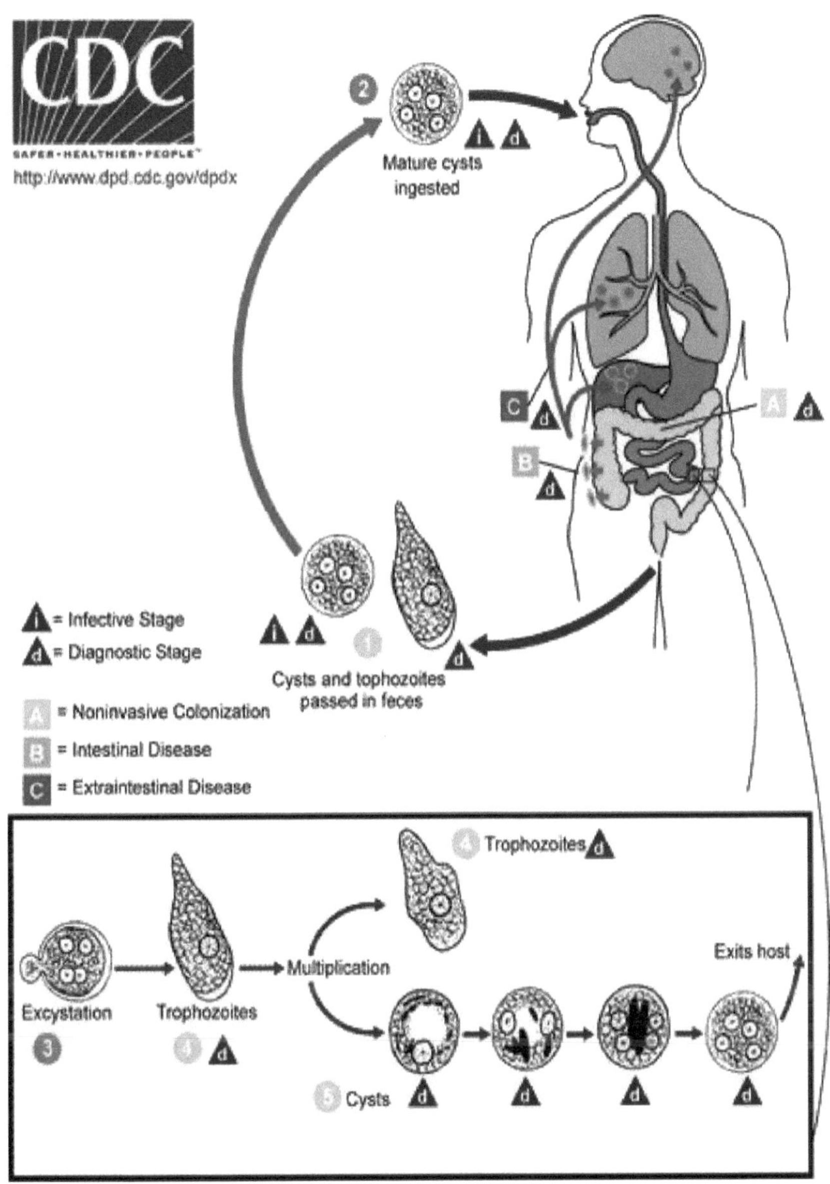

Figura 1.5: Ciclo de vida da *E. histolytica* [Reproduzido com autorização do Center for Disease Control & Prevention. 2009. *Amebiasis*. CDC, Atlanta, GA. [http://www.dpd.cdc.gov/dpdx/HTML/Amebiasis.htm. Acessado em 13/07/2012].

1.3.1.5.1.6 Infeção:

A infeção ocorre normalmente através da ingestão de água ou alimentos contaminados com matéria fecal. A parede do quisto é dissolvida no trato gastrointestinal superior e o organismo excita-se no lúmen do intestino delgado. Durante a excestação, a divisão nuclear é seguida pela divisão citoplasmática, dando origem a 8 trofozoítos uninucleados. Os trofozoítos de *E. histolytica* são formas móveis, que aderem e invadem as células epiteliais intestinais que revestem o trato gastrointestinal. Uma vez conseguida a penetração da mucosa intestinal, pode ocorrer a disseminação para outros órgãos, infecções extra-intestinais, geralmente o fígado. Os trofozoítos que se encontram no cólon multiplicam-se, encistam e são eliminados nas fezes, de onde é possível uma maior disseminação (Martinez-Palomo e Espinosa-Cantellano, 1998 & Clark *et al.*, 2000).

1.3.1.5.1.7 Apresentação clínica:

O termo amebíase indica a infeção por *E. histolytica* independentemente dos sintomas (OMS, 1997). Os sintomas da colite/disenteria amebiana surgem geralmente de forma gradual, durante um período de uma a várias semanas, e incluem dor e sensibilidade abdominal, evacuação intestinal súbita e dolorosa (tenesmo) e diarreia com sangue. Menos de 40% dos doentes apresentam febre e, nalguns casos, anorexia e perda de peso (Stanley, 2003). *A E. histolytica* também pode penetrar na mucosa do cólon e disseminar-se através da corrente sanguínea até ao fígado, onde os trofozoítos estabelecem um abcesso hepático amebiano, que é a manifestação extra-intestinal mais comum. O abcesso hepático amebiano (ALA) é mais comum em homens adultos do que em mulheres adultas, e o doente típico é um homem de 20-40 anos com uma história de febre de 1-2 semanas e dor abdominal difusa no quadrante superior direito (Stanley, 2003).

Também é evidente que nem todos os seres humanos infectados com *E. histolytica* desenvolvem doença clínica. De facto, estudos realizados em países onde *a E. histolytica* é endémica estimaram que, no máximo, apenas uma em cada quatro infecções por *E. histolytica* progride para doença (Blessmann *et al.*, 2003; Haque *et al.*, 2006 & Ali *et al.*, 2008a).

1.3.1.5.1.8 Outras espécies de Entamoeba encontradas em amostras de fezes humanas:

Embora *a E. histolytica*: seja a única ameba intestinal de importância clínica, é essencial reconhecer a variação morfológica e genética de outras espécies de *Entamoeba* que infectam os seres humanos, a fim de fazer a identificação microscópica correta e criar uma base para métodos de diagnóstico de base molecular (Santos *et al.*,

2010).

Entamoeba dispar: é o "parasita gémeo" morfológico mais importante da *E. histolytica*. Embora sejam geneticamente distintas, estas duas espécies são os parentes mais próximos uma da outra no género *Entamoeba*. Além de serem diferentes no que diz respeito à patogenicidade, os parasitas de *E. dispar* são muito mais difíceis de estabelecer em cultura axénica (isto é, na ausência de outros microrganismos) em comparação com os trofozoítos de *E. histolytica* (Clark & Diamond, 2002), provavelmente devido a disparidades relacionadas com a absorção de nutrientes (Espinosa-Cantellano *et al.*, 1998). Estudos envolvendo infecções experimentais mostraram que várias estirpes de *E. dispar* podem formar abcessos hepáticos em certas espécies animais (Costa *et al.*, 2006). Além disso, uma investigação recente no México foi a primeira a identificar ADN de *E. dispar* em material de abcessos humanos obtido de pacientes com abcessos bacterianos e de pacientes com ALA, neste último grupo em combinação com ADN de *E. histolytica* (Ximenez *et al.*, 2010). No entanto, *a E. dispar* continua a ser considerada não invasiva e não patogénica em seres humanos, embora estudos futuros possam revelar um quadro mais complexo.

Entamoeba moshkovskii: é uma ameba de vida livre, que forma quistos quadrinucleados que são morfologicamente indistinguíveis dos quistos de *E. histolytica/E. dispar*. Apesar de terem sido documentados casos humanos esporádicos no passado (Clark *et al*, 1991a), acreditava-se anteriormente que *a E. moshkovskii* era um parasita pouco comum nos seres humanos. No entanto, estudos realizados em vários países (Irão, Índia, Austrália, Bangladesh, Tanzânia, Tunísia e Turquia) utilizando a técnica da reação em cadeia da polimerase (PCR) com primers específicos para *E. moshkovskii* detectaram este parasita em números variáveis de doentes (Ali *et al.*, 2003; Khairnar e Parija, 2007; Tanyuksel *et al.*, 2007; Beck *et al.*, 2008; Fotedar *et al.*, 2008; Nazem *et al.*, 2010). Numa investigação (Fotedar *et al.*, 2008), foi encontrada uma correlação entre *E. moshkovskii* e diarreia, mas o pressuposto comum é que esta espécie não é patogénica. Curiosamente, muitos dos casos humanos relatados de *E. moshkovskii* foram co-infectados com *E. histolytica* ou *E. dispar*, mas a razão para este facto não é clara. A ocorrência de *E. moshkovskii* na Suécia não é conhecida, mas um estudo recente baseado em PCR de isolados contendo cistos de *Entamoeba* quadrinucleados de pacientes suecos, dinamarqueses e holandeses sugeriu que essa espécie é incomum em seu ambiente (Stensvold *et al.*, 2010b). Não obstante, foi proposto que os cistos quadrinucleados deveriam ser relatados como *E. histolytica/E. dispar/E. moshkovskii* devido à morfologia semelhante dessas três espécies (Pritt e Clark, 2008).

Entamoeba coli: é encontrada em todo o mundo e é provavelmente a mais prevalente de todas as amebas intestinais que ocorrem nos seres humanos. Apesar de uma publicação sueca ter relacionado esta ameba com sintomas diarreicos (Wahlgren, 1991), ela é geralmente considerada não patogénica. Os cistos maduros de *E. coli* têm 8-16 núcleos e não apresentam problemas de diagnóstico, mas os cistos imaturos com quatro núcleos podem ser confundidos com cistos de *E. histolytica/E. dispar*, especialmente considerando que eles se sobrepõem em tamanho.

Entamoeba hartmanni: foi originalmente referida como a "raça pequena" de *E. histolytica*, mas foi redescrita como uma espécie distinta em 1957 (Burrows, 1957). *A E. hartmanni* é geneticamente bastante distinta da *E. histolytica/E. dispar* (Silberman *et al.*, 1999), mas difere morfologicamente, principalmente no que respeita ao tamanho. A disparidade de tamanho é geralmente clara (quistos <10 μm), e, por conseguinte, a identificação não é problemática.

Contudo, alguns isolados podem albergar quistos de *E. hartmanni* com um diâmetro superior a 10 μm e, se estes forem classificados estritamente de acordo com o critério do tamanho, serão incorretamente identificados como quistos de *E. histolytica/E. dispar*.

As duas amebas uninucleadas ***Entamoeba polecki*** (encontrada em porcos) e ***Entamoeba chattoni*** (detectada em primatas não humanos), juntamente com duas outras variantes genéticas, são agora consideradas como uma espécie, *E. polecki*. Estas quatro variantes de amebas uninucleadas foram ocasionalmente observadas em amostras humanas e foram investigadas por métodos moleculares (Verweij *et al.*, 2001 & Verweij *et al.*, 2003). Os cistos de *E. polecki* podem ser confundidos com cistos imaturos de *E. histolytica/E. dispar*, porque são iguais em tamanho (10-15 μm). Os cistos de E. *polecki* devem ser
Suspeita-se de cistos de amebas uninucleadas, especialmente se os cistos estiverem maduros.

Iodamoeba butschlii é outra ameba intestinal cujos cistos e trofozoítos têm um núcleo caraterístico que difere marcadamente dos núcleos das espécies de *Entamoeba*. Apesar disso, os cistos *de Iodamoeba* são às vezes confundidos com cistos imaturos de *E. histolytica/E. dispar*. Notavelmente, nenhuma seqüência de *Iodamoeba* foi ainda submetida ao GenBank, provavelmente devido às dificuldades de manter este parasita em cultura.

1.3.1.5.1.9 Anfitrião e modo de transmissão:

Os seres humanos são o principal reservatório conhecido de *E. histolytica* (Katz *et al.*, 1989). A principal fonte de transmissão é o ser humano cronicamente infetado que passa fezes infectadas com cistos de *E. histolytica* que podem contaminar alimentos frescos ou água através de uma higiene pessoal deficiente (Ravdin e Stauffer, 2005). Outra fonte comum de transmissão é o contacto sexual oral-anal (Philips *et al.*, 1981 & Quinn *et al.*, 1981).

A transmissão zoonótica de *E. histolytica* foi sugerida por Jackson *et al.* (1984), mas este facto não é claro. Foram produzidas infecções experimentais com *E. histolytica* em cães, gatos, ratos, macacos e outros animais de laboratório. Estes animais podem adquirir estirpes humanas em resultado de um contacto próximo com seres humanos. Foram detectadas infecções naturais com estirpes morfologicamente semelhantes à *E. histolytica* em macacos (Beaver *et al.*, 1984).

A importância da fauna selvagem (primatas) nas infecções zoonóticas tem sido documentada. Jackson *et al.* (1998), que utilizaram a análise do zimodema, investigaram se *a E. histolytica* ocorre como uma verdadeira zoonose. De acordo com Walsh (1986), os quistos infecciosos de *E. histolytica* podem ser disseminados por artrópodes como baratas e moscas, sugerindo que estes insectos são capazes de desempenhar um papel raro mas importante na transmissão desta doença (Obadiah, 2012).

1.3.1.5.1.10 Epidemiologia:

O reconhecimento da *E. dispar* como uma espécie separada não patogénica significou que os resultados de todos os estudos de prevalência anteriores baseados na microscopia não eram fiáveis. Percebeu-se que *a E. dispar* dá origem a cerca de 90% dos 500 milhões de novas infecções por ameba originalmente estimadas para cada ano (Ackers e Mirelman, 2006). Também se tornou evidente que, no máximo, apenas uma em cada quatro infecções reais por *E. histolytica* progride para doença (Ali *et al.*, 2008a). No entanto, a amebíase tem um impacto significativo na saúde pública mundial e estima-se que cause cerca de 40.000 a 100.000 mortes por ano, o que a torna uma das principais causas de mortalidade por doença parasitária (Stanley, 2003).

Foram realizados muitos estudos de prevalência desde a introdução de métodos de PCR e testes de antigénio que podem distinguir entre *E. histolytica* e *E. dispar*. A ocorrência mais generalizada de *E. histolytica* foi registada em determinados países da América Latina, Ásia e África, embora a prevalência local seja altamente variável (Ali *et al*, 2008a). Contudo, mesmo em países como a África do Sul e o México, com uma elevada prevalência de *E. histolytica, a E. dispar* é responsável por uma parte considerável das infecções (Ramos *et al.*, 2005 & Samie *et al.*, 2006). **1.3.1.5.1.11 Patogénese:**

Acredita-se que a patogénese da amebíase seja um processo multifatorial e com várias etapas. Embora um grande número de estudos tenha tentado desvendar os factores/moléculas responsáveis pela patogénese da amebíase, os processos envolvidos na patogénese são mal compreendidos. Os aspectos da patogénese que foram investigados experimentalmente podem ser amplamente categorizados em mecanismos que envolvem (i) interações com a flora intestinal, (ii) lise da célula-alvo por adesão direta, (iii) lise da célula-alvo por libertação de toxinas e (iv) fagocitose das células-alvo (Sehgal *et al.*, 1996).

1.3.1.5.1.12 Diagnóstico:

Exame parasitológico de fezes:

Exame macroscópico de fezes:

Cada amostra de fezes frescas pode ser examinada visualmente para verificar a sua consistência, cor, presença ou ausência de muco, sangue, vermes ou quaisquer outras anomalias (Mahmoud, 2012). Isto inclui:

1.3.1.5.1.12.1 Preparação direta com solução salina normal:

Uma pequena porção de fezes foi misturada com uma gota de solução salina normal numa lâmina de vidro e depois coberta com uma lamela de vidro. Cada lâmina foi examinada ao microscópio em baixa potência (X 10) e depois em alta potência (X 40) para detetar a presença de óvulos e quistos de helmintas, trofozoítos de protozoários (Markell *et al.*, 1999).

1.3.1.5.1.12.2 Método de preparação com iodo de Lugol:

Isto foi feito misturando uma pequena porção de fezes com uma gota de iodo de Lugols numa lâmina de vidro, depois coberta com uma lamela e examinada ao microscópio utilizando baixa potência (X10) e alta potência (X40) (Markell *et al.*, 1999).

1.3.1.5.1.13 Tratamento:

O medicamento mais comum para o tratamento da amebíase é o metronidazol, um derivado do 5-nitromidazol. No entanto, este fármaco tem uma eficácia variável, efeitos secundários graves, como dores de cabeça, náuseas, boca seca e sabor metálico, e efeitos neurotóxicos que se manifestam sob a forma de incoordenação, tonturas, convulsões e ataxia (Kapoor *et al.*, 1999). Já foram observados alguns insucessos do metronidazol (Virk, 2008). O tinidazol, um análogo estrutural do metronidazol aprovado pela Food and Drug Administration (FDA), tem menos efeitos secundários e está também indicado em alguns países, como os EUA (Virk, 2008). Existem outros medicamentos não imidazólicos, como a nitazoxanida, a paramomicina e o niridazol, que são eficazes contra amebas, mas todos estes medicamentos são menos activos contra o quisto de *Entamoeba histolytica* (Nagpal *et al.*, 2012). O tratamento com metronidazol ou tinidazol deve ser seguido de um agente luminal, como o iodoquinol ou a paromomicina, porque é menos ativo contra as formas intestinais (Wery, 1995).

Metronidazol: 750-800 mg três vezes por dia durante 5-10 dias

Tinidazol: 2 g por dia durante cinco dias (Ximenez *et al.*, 2011).

1.3.1.5.1.14 Prevalência de amebíase em crianças:

As doenças diarreicas agudas continuam a ser uma das principais causas de morbilidade e mortalidade nos países em desenvolvimento, como o Bangladesh, onde uma em cada dez crianças morre antes do seu quinto aniversário (Petri *et al.*, 2005). Neste país, onde a doença diarreica é a principal causa de morte em crianças com menos de seis anos de idade, cerca de 50% das crianças foram expostas à doença (Haque *et al.*, 2001& Haque *et al.*, 2006).

Um estudo recente no Bangladesh realçou a prevalência de *E. mohkovskii* (21,1%), que se sabe há anos ser não patogénica, sugerindo que esta infeção é comum entre crianças de 2-5 anos (Ali *et al.*, 2003). Um relatório do México em pacientes pediátricos mostrou que grande parte dos diagnósticos de amebíase feitos eram de *E. dispar* não patogénica em crianças (Redondo *et al.*, 2006).

As investigações sero-prevalentes da amebíase em algumas áreas tropicais indicaram que a prevalência pode ser elevada durante a epidemia. Uma alta prevalência de infeção com *E. histolytica* e *G. lamblia* foi relatada na Índia (Shetty *et al.*, 1992). Foi registada uma prevalência muito baixa de 0,19% de *E. histolytica* entre outros parasitas intestinais na Turquia (Aksoy *et al.*, 2007).

Os baixos padrões de higiene e saneamento, particularmente os relacionados com a aglomeração, a contaminação dos alimentos e da água e a eliminação inadequada das fezes são factores de alto risco de infeção por *E. histolytica* (Martinez-palomo e Espinosa-Cantellano, 1998). Por vezes, até 50% da população é afetada em regiões com más condições sanitárias e durante as epidemias (Caballero *et al.*, 1994).

1.3.1.5.1.15 Prevenção:

A contaminação dos alimentos e da água com fezes humanas deve ser evitada, pois geralmente é complicada pela alta incidência de transmissores de cistos assintomáticos (Escobedo *et al.*, 2003). A água fervida mata os quistos de *E. histolytica* e deve ser encorajada, especialmente nos países em desenvolvimento endémicos. Os alimentos não cozinhados, incluindo as saladas e os legumes, devem ser devidamente lavados e tratados com vinagre antes de serem consumidos.

Os filtros portáteis utilizados para a filtragem da água oferecem vários graus de proteção. Para além disso, devem ser assegurados sistemas de água e de esgotos adequados e os hábitos de higiene devem também ser melhorados (Escobedo *et al.*,

2003).

São necessários mais programas de sensibilização do público para promover uma melhor compreensão dos impactos adversos da amebíase e de outros problemas de saúde entre as crianças (Aza *et al.*, 2003). Essa consciencialização provocará mudanças positivas e adaptações nas práticas sociais e culturais que podem ajudar a reduzir a taxa de infeção através da utilização adequada do abastecimento de água e da prática de saneamento moderno (Aza *et al.*, 2003). Obadiah (2012) concluiu que a amebíase é prevalente nas crianças de Zaria, com consequências potenciais para a saúde superiores às estimadas anteriormente. Sugere também que todos os casos de diarreia em crianças notificados nos hospitais devem ser considerados para testes e tratamento específicos (Obadiah, 2012).

1.3.1.5.2 *Giardia lamblia*:

1.3.1.5.2.1 Introdução:

A Giardia lamblia, também designada por *Giardia duodenalis* ou *Giardia intestinalis*, é um protozoário parasita que habita o intestino delgado e causa grande morbilidade em todo o mundo. *A Giardia* foi observada ao microscópio pela primeira vez por Antony Van Leeuwenhock em 1681 (Dobel, 1920). Mais tarde, foi descrita por Vilim Lambli em 1859. No entanto, a maioria dos investigadores neste domínio utiliza o nome *Giardia* (Meyer, 1990) e foi realizado um extenso trabalho sobre a sua epidemiologia, fisiopatologia e tratamento (Meyer, 1994).

Foram registados surtos de giardíase transmitida pela água na Europa e nos Estados Unidos durante os anos 60 e 70 (Craun, 1990; Farthing, 1992). Os sintomas clínicos da giardíase no ser humano são diarreia, desidratação, dor abdominal, náuseas, vómitos e perda de peso (Thompson *et al.*, 2004). A infeção por *G. duodenalis* depende do hospedeiro, do parasita e do ambiente (Thompson *et al.*, 1990).

A infeção por G. duodenalis é registada numa grande variedade de hospedeiros mamíferos, bem como em aves, répteis e anfíbios (Thompson *et al.*, 1993). A água é uma importante fonte de propagação da infeção por *Giardia* às pessoas e constitui uma grande preocupação sanitária para os serviços de abastecimento de água dos países desenvolvidos e em desenvolvimento do mundo (Levine *et al.*, 1990; Hogue *et al.*, 2002). *A G. duodenalis* tem sido observada em diferentes espécies de animais de criação (Xiao, 1994; Olson *et al.*, 1997). Os animais de criação podem excretar um elevado número de quistos *de Giardia*, que se tornam uma fonte de contaminação da água e do ambiente (Weniger *et al.*, 1983 & Craun, 1990). O gado pode desempenhar um papel potencial como reservatório para surtos humanos de giardíase (Buret *et* al., 1990 & O, Handley *et al.*, 2000b).

1.3.1.5.2.2 Descrição geral:

Giardia lamblia é um protozoário intestinal unicelular, flagelado, parasita do homem, isolado em todo o mundo e classificado entre os 10 principais parasitas do homem (Wolfe, 1992 & Farthing, 1997). O organismo foi encontrado em mais de 40 espécies animais (Meyer, 1994). Atualmente, existem cinco espécies de *Giardia* que infectam diferentes espécies animais: *Giardia lamblia* em mamíferos, incluindo o homem, roedores, répteis e possivelmente aves; *Giardia muris* em roedores, aves e répteis, *G. agilis* em anfíbios (Filice, 1952); *G. ardae* na garça azul (Erlandsen *et al.,* 1990); e *G. psittaci* no periquito (Erlandsen *et al.,* 1987).

O quisto de *Giardia lamblia* tem uma forma elíptica, varia em tamanho de 6 a 10 microns e contém dois a quatro núcleos (Heresi e Cleary, 1997). A estrutura do quisto torna o organismo muito resistente aos factores ambientais e à desinfeção e é a forma transmissível que causa a infeção. Os quistos possuem uma parede fina e protetora que lhes permite sobreviver nas fezes durante semanas ou em água fria durante meses (Ortega *et al.,* 1997). A giardíase é então contraída através da ingestão de água ou alimentos contaminados. Os cistos passam pelo estômago e entram no intestino delgado. A parede protetora permite que o quisto sobreviva às condições ácidas do estômago até chegar ao intestino delgado, onde as condições são alcalinas. O ambiente alcalino desencadeia a excitação. Durante a excitação, a parede do cisto se rompe no pólo oposto aos núcleos, de modo que flagelos e outras projeções emergem do ponto rompido. A parede do quisto é então completamente removida e o micróbio entra na fase trofozoítica da sua vida (Ortega *et al.,* 1997).

O estágio de trofozoíto tem aproximadamente 12 - 15 microns por 6 - 8 microns. O organismo tem um corpo mediano alongado e pontiagudo com dois núcleos simétricos e quatro pares de flagelos. Assemelha-se a um rosto humano em preparações coradas, o trofozoíto é a forma reprodutora e móvel da *Giardia* que se fixa à parede intestinal através do seu disco ventral e causa os sintomas da giardíase (Ortega *et al.,* 1997).

Giardia lamblia é o protozoário parasita intestinal mais comum isolado em todo o mundo como agente causador de diarreia. Estudos epidemiológicos sugerem que o parasita é responsável por cerca de 5% da diarreia aguda e 20% da doença diarreica crónica no mundo (Thompson *et al.,* 1993). A incidência de diarreia associada à *Giardia* é geralmente mais elevada nos países em desenvolvimento de África, Ásia, América do Sul e Central, onde não há acesso a água potável e a saneamento básico. A prevalência da *Giardia lamblia* nos países desenvolvidos é de cerca de 2-5%, mas nos países em desenvolvimento pode atingir os 20-30% (Thielman e Guerrant, 1998).

Quase todas as crianças nos países em desenvolvimento irão adquirir Giardia em algum momento da sua infância. Nos países desenvolvidos, como a Europa Ocidental e os Estados Unidos, a infeção por Giardia está associada à ingestão de água contaminada, ao contacto pessoa a pessoa, a viagens recentes ao estrangeiro e à natação recreativa (Nathnac, 2004).

1.3.1.5.2.3 Antecedentes históricos:

Karapetyan foi o pioneiro da cultura *in vitro* de *G. lamblia* (Karapetyan, 1962). Meyer cultivou com sucesso *G. lamblia* axenicamente, ou em cultura pura, para amostras obtidas de um coelho, chinchila e gato (Meyer, 1970). O cultivo axénico permitiu uma melhor compreensão da biologia deste parasita.

Curiosamente, cistos de *G. lamblia* foram detectados em coprólitos humanos antigos no Peru. Uma amostra datada entre 2.375-1.525 A.E.C. e uma segunda amostra datada entre 500-900 A.E.C. (Ortega et *al*, 1997).

1.3.1.5.2.4 Classificação:

Quadro 1.2: Classificação de *Giardia lamblia*:

Reino Unido	Protista
Sub-reino	Protozoários
Filo	Sarcomastigophora
Subfilo	Mastigophora
Classe	Zoomastigophora
Ordem	Diplomonadida
Família	Hexamitidoe
Género	*Giardia*
Espécies	*Lamblia*

(Plutzer *et al.*, 2010; Adam, 2001 & Caccio *et al.*, 2010).

1.3.1.5.2.5 Espécies de Giardia:

O género *Giardia* é um membro das diplomonadas, um grupo de flagelados binucleados que pertence ao supergrupo eucariótico Excavata (Adl *et al.*, 2005). *Giardia* é o único género de diplomonadas que infecta os seres humanos, e o seu parente mais próximo encontrado no intestino humano é o flagelado uninucleado *Chilomastix mesnili*. Foram descritas as seguintes seis espécies de *Giardia*, com base na morfologia dos trofozoítos e dos corpos medianos e nas caraterísticas reveladas pela microscopia eletrónica: *G. intestinalis* (humanos e mamíferos), *G. agilis* (anfíbios), *G. muris* (roedores), *G. ardae* (aves), *G. psittaci* (aves) e *G. microti* (roedores) (Adam, 2001). Salvo indicação em contrário, nesta tese *Giardia* refere-se a *G. intestinalis*.

1.3.1.5.2.6 Morfologia:

A Giardia encontra-se em duas formas - trofozoíto e quisto. O trofozoíto móvel é piriforme a oval, com simetria bilateral e dimensões 12-15 / 6-8$^{\mu m}$. . Tem uma superfície dorsal convexa e um grande disco adesivo (sugador) ventral. A célula é binucleada, com quatro pares de flagelos e um par de corpos medianos delineados. Os quistos têm forma oval, com uma parede hialina fina e dimensões de 8 - 12 / 7 - 10 gm. Inicialmente, eles são binucleados. O quisto maduro tem quatro núcleos, corpos medianos curvos e axonemas longitudinais. Considera-se que *a Giardia* teve origem em organismos unicelulares primitivos devido à sua organização intracelular simples, sem mitocôndrias e peroxissomas (Simpson *et al.*, 2002). É por isso que *as Giardia* desempenham um papel importante na elucidação da evolução dos eucariotas.

1.3.1.5.2.7 Ciclo de vida:

O ciclo de vida da *G. lamblia* consiste em duas fases: quistos e trofozoítos. Os quistos são resistentes ao ambiente (Adam, 1991) e são ingeridos por um hospedeiro desprevenido. O ambiente ácido do estômago do hospedeiro, seguido do pH neutro do intestino delgado, desencadeia o processo de excitação. Isto faz com que os trofozoítos emerjam e comecem a alimentar-se e a multiplicar-se no intestino delgado do hospedeiro. Os trofozoítos devem encistar para serem excretados com as fezes e infetar um novo hospedeiro através da transmissão fecal-oral (Farthing, 1997).

Os trofozoítos variam de 12 a 15 $^{\mu m}$ em comprimento e de 5 a 9 $^{\mu m}$ em largura. O citoesqueleto dos trofozoítos é constituído por um corpo mediano, quatro pares de flagelos e um disco ventral. Existem dois núcleos. Os trofozoítos residem no intestino delgado, fixando-se mecanicamente à parede intestinal através do disco adesivo ventral. Os flagelos parecem ser essenciais para a motilidade, mas não parecem desempenhar um papel na fixação (Adam, 2001).

Estima-se que a encistamento leve de 10 a 16 horas, durante as quais as proteínas da parede do cisto são expressas e dois trofozoítos com quatro núcleos se formam, que ainda não sofreram citocinese (Adam, 2001 & Erlandsen *et al.*, 1996). Durante a encistamento, os trofozoítos tornam-se mais redondos, desprendem-se e perdem mobilidade, tornando-se refractários (Gillin *et al.*, 1996).

As vesículas secretoras específicas da encistamento podem ser observadas por microscopia de luz, que servem para transportar antigénios regulados para a parede do quisto (Faubert, 2000).

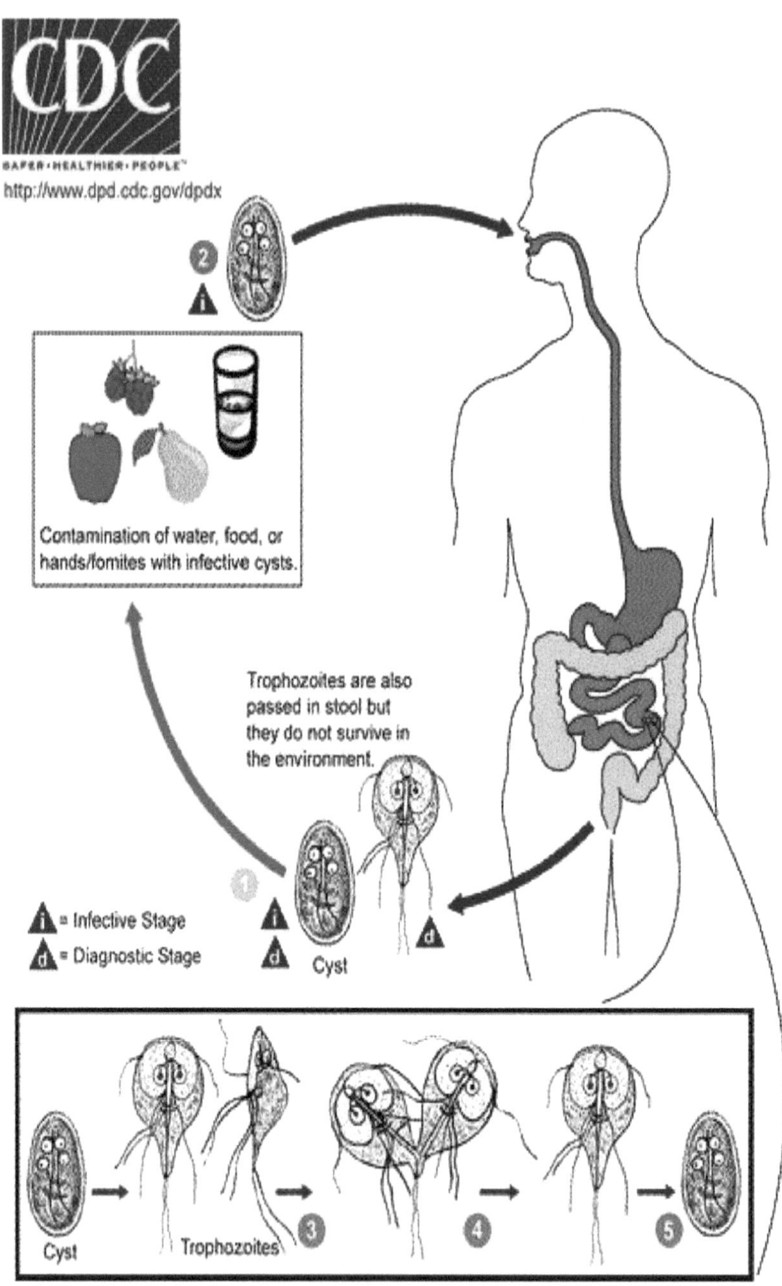

Figura 1.6: Ciclo de vida da *Giardia lamblia* (de www.cdc.gov/)

1.3.1.5.2.8 Infeção:

Como em qualquer infeção parasitária, a interação parasita-hospedeiro é o passo inicial na patogénese da giardíase. Nesta interação, primeiro os trofozoítos *de Giardia* ligam-se à superfície celular das vilosidades por meio de um disco na sua superfície posterior ou ventral. A lectina, uma proteína presente no revestimento do trofozoíto, reconhece receptores específicos na célula intestinal e pode ser parcialmente responsável pela ligação estreita entre o parasita e as vilosidades. Após a fixação dos trofozoítos, verificam-se importantes anomalias estruturais e funcionais no intestino delgado. Algumas destas anomalias incluem danos na mucosa em resultado de obstrução mecânica ou bloqueio do intestino por um grande número de parasitas, a libertação de substâncias citopáticas, tais como proteinases tiol e lectinas dos trofozoítos de *Giardia*, a estimulação de uma resposta imunitária do hospedeiro com libertação de citocinas e inflamação da mucosa e desconjugação de sais biliares (Heyworth, 1992 & Djamiatun e faubert, 1998).

Embora a infeção sintomática cause um amplo espetro de manifestações clínicas, a Giardia resulta num estado de portador assintomático na maioria dos casos. As infecções assintomáticas são mais comuns em crianças e pessoas com exposição prévia a uma fonte de infeção (Ortega e Adam, 1997). Quando a doença ocorre, pode resultar em dias ocasionais de diarreia aquosa aguda com dores abdominais, ou os doentes podem ter uma doença prolongada, intermitente e frequentemente debilitante, que se caracteriza pela passagem de fezes com mau cheiro associadas a flatulência, distensão abdominal e anorexia.

1.3.1.5.2.9 Apresentação clínica:

Embora os trofozoítos *de Giardia* tenham sido detectados numas fezes diarreicas há mais de 300 anos, o organismo não foi considerado patogénico até 1978, e esta afirmação baseou-se em observações de sintomas como a má absorção e a patologia da parte superior do intestino delgado em doentes com giardíase (Kulda e Nohynková, 1978 & Faubert, 2000). O postulado de Koch foi cumprido em 1987, quando todos os cinco voluntários inoculados com a estirpe GS/M (assemblage B) ficaram infectados, e dois deles também desenvolveram sintomas típicos de giardíase (Nash *et al.*, 1987). O tempo médio de incubação entre a infeção e o início dos sintomas é de uma semana, mas pode chegar a três semanas (Jokipii e Jokipii, 1977). O doente típico apresenta sintomas durante pelo menos uma semana, incluindo diarreia com mau cheiro, náuseas, cólicas abdominais, flatulência e fadiga intensa (Petri, 2005). A diarreia prolongada e a má absorção também podem estar presentes, embora muitos dos doentes tenham apenas diarreia ligeira ou permaneçam assintomáticos, especialmente em áreas endémicas. Ao contrário da *E. histolytica, a Giardia* é um organismo não invasivo, e a patogénese não é totalmente compreendida. A doença é agora considerada multifatorial, incluindo a apoptose dos enterócitos, a perda da função da barreira epitelial, a hipersecreção de iões cloreto, a inibição das enzimas da escova e a má absorção de glucose, água e iões de sódio (Ankarklev *et al.*, 2010).

1.3.1.5.2.10 Modos de transmissão:

A transmissão da *Giardia* aos seres humanos depende da ingestão de quistos excretados nas faces de pessoas ou animais infectados. O principal modo de transmissão aos seres humanos parece ser de pessoa para pessoa, embora tenha sido descrita a transmissão indireta a partir de água e alimentos contaminados, provenientes de seres humanos e animais.

1.3.1.5.2.10.1 Person-to-person:

Os surtos de giardíase em creches, especialmente naquelas em que as crianças usam fraldas, têm sido associados à transmissão fecal-oral da *Giardia* (3,5 - 14). A transmissão sexual da giardíase (oral-anal) foi reconhecida (Mildran *et al.*, 1977).

1.3.1.5.2.10.2 Águas superficiais não tratadas:

É um veículo reconhecido de transmissão de *Giardia* (Sykora *et al.*, 1988). As reservas de água de emergência devem ser fervidas após filtração. Menos eficaz é o tratamento com solução de hipoclorito (0,1 a 0,2 ml/litro) ou tintura de iodo (0,5 ml/litro de solução a 2%) durante 20 minutos ou mais se a água estiver fria ou turva (Akin e Jakubowski, 1986).

1.3.1.5.2.10.3 Água municipal:

A contaminação com esgoto bruto ou inadequadamente tratado tem sido associada a surtos de giardíase (Sykora *et al.*, 1988). A cloração sozinha pode não matar os cistos de *Giardia*; a filtração por sedimentação da água não tratada pode ser necessária para matar os cistos. O teste de suprimentos municipais de água para *Giardia* deve ser considerado apenas na situação de um grande surto comunitário onde o teste inicial para organismos coliformes sugere contaminação ou uma rutura no sistema (Akin e Jakubowski, 1986; Payment, 1999 & American Academy of Pediatrics, 2000).

1.3.1.5.2.10.4 Água de poço:

É uma fonte improvável de *Giardia*, a menos que se possa demonstrar a contaminação do poço com águas superficiais. Os testes laboratoriais para *Giardia*, embora raramente efectuados e muito caros, requerem a filtragem de grandes quantidades de água utilizando técnicas especiais. A suspeita de contaminação do poço por águas superficiais pode ser determinada através da análise de organismos coliformes.

1.3.1.5.2.10.5 Transmissão por via alimentar:

Foi documentada a transmissão de Giardia a partir de trabalhadores do sector alimentar infectados (Quick *et al.*, 1992; Mintz *et al.*, 1993 & Rose e Slifko, 1999). Embora *a Giardia* não se reproduza nos alimentos, a pequena dose infecciosa (< 10 cistos) sugere que poderia ser facilmente transmitida por alimentos contaminados com fezes. A lavagem das mãos, a lavagem de vegetais crus e a utilização de luvas na preparação de vegetais crus e alimentos frios são essenciais para prevenir a transmissão de *Giardia* através dos alimentos.

1.3.1.5.2.10.6 Fontes animais:

As espécies de *Giardia* são comuns. Exceptuando a *G. intestinalis*, a capacidade das espécies de *Giardia* encontradas em fontes não humanas para causar doença humana não é clara. *A G. intestinalis* é comummente encontrada em animais domésticos, como cães e gatos, e numa variedade de animais selvagens. Os castores infectados têm estado implicados em surtos de giardíase transmitidos pela água.

1.3.2.2.11 Epidemiologia:

A Giardia é um parasita encontrado em todas as partes do mundo e num grande número de mamíferos, incluindo seres humanos, gado, animais de estimação, animais selvagens e animais aquáticos (Thompson, 2000 & Lasek-Nesselquist *et al.*, 2010). Vários relatórios recentes descreveram também G. intestinalis em várias aves e mesmo em peixes, embora seja necessário confirmar a existência de verdadeiras infecções nestes animais (Lasek-Nesselquist *et al.*, 2008 & Yang *et al.*, 2010b).

Uma questão controversa no âmbito da epidemiologia deste parasita é o facto de ser ou não zoonótico (Bemrick, 1988; Faubert, 2000; Monis e Thompson, 2002 & Thompson, 1998). Este tópico tem sido objeto de um debate aceso durante muitos anos, com alguns autores a concluírem que existem provas que sustentam que é transmitido zoonóticamente a partir de cães (Traub *et al.*, 2004), enquanto outros autores *sugerem* geralmente que é zoonótico (Van Keulen *et al.*, 2002). Num artigo de revisão sobre o tema da zoonose por G. *lamblia*, concluiu-se que, em geral, não existem provas que sustentem a existência de um risco importante de transmissão zoonótica aos seres humanos (Hunter *et al.*, 2004). Para enfatizar a falta de avanços neste tópico, basta referir um artigo que discute a possibilidade de G. *lamblia* ser zoonótica, publicado em 1988, no qual Faubert conclui que G. *lamblia* é tanto uma zoonose como uma zooantroponose (Faubert, 2000). A conclusão de Faubert sobre o tema do potencial zoonótico é significativa porque sugere que os genótipos humanos de G. *lamblia* estão a passar principalmente dos seres humanos para os animais, e não vice-versa.

Foram efectuados estudos em que cães que viviam na proximidade de donos albergaram *G. lamblia*. O advento de ferramentas de tipagem molecular levou à genotipagem de amostras desses humanos e cães, com resultados interessantes. Numa comunidade aborígene na Austrália rural, os cães abrigavam genótipos de cães (Hopkins *et al.*, 1997).

Outros investigadores acreditam que *a G. lamblia* apresenta um risco de zoonose - a partir de cães (Ponce-Macotela *et al.*, 2005), gado (O'Handley *et al.*, 2000b) e animais de quinta e selvagens (Van Keulen *et al.*, 2002).

1.3.2.2.12 Patogénese:

A patogénese da giardíase não está completamente investigada. *A Giardia* vive e replica-se assexuadamente na superfície do intestino delgado dos hospedeiros. De acordo com os estudos mais recentes, a giardíase é um complexo de alterações fisiopatológicas. Uma delas é a alteração da permeabilidade dos enterócitos resultante do efeito citopatológico dos metabolitos do parasita (Buret *et al.*, 2002a & Buret *et al.*, 2002b). As proteínas da membrana periférica, em particular a zonula occludin-1 (ZO-1), que é importante para a regulação da permeabilidade epitelial, são destruídas. Como resultado, a borda em escova enterocítica é danificada; a permeabilidade epitelial é aumentada, resultando em inflamação e problemas gastrointestinais (Scott *et al.*, 2002). *A Giardia* também desencadeia a apoptose, causando a perda da função de barreira do epitélio com um aumento subsequente da permeabilidade (Chin *et al.*, 2002). A apoptose e a gravidade da doença são determinadas por factores virulentos do parasita dependentes da estirpe, bem como pelo estado fisiológico e imunológico do hospedeiro (Chin *et al.*, 2002 & Scott *et al.*, 2002). Está estabelecido que o aumento da permeabilidade intestinal pode também resultar do aumento dos antigénios luminais.

Isto pode provocar o aparecimento de reacções alérgicas - uma complicação frequentemente observada em humanos infectados com *Giardia* (Scott *et al.*, 2002; Chakarova, 2004 & Chakarova *et al.*, 2009).

A giardíase depende tanto do parasita como do hospedeiro. A sua variabilidade manifesta-se nos sintomas, nos sinais clínicos e na gravidade da doença. As alterações fisiopatológicas descritas podem ser encontradas na maioria dos hospedeiros infectados, mas as suas consequências podem variar de acordo com o modo de nutrição, o estado imunitário e as infecções entéricas associadas. A giardíase crónica em bebés mal alimentados infectados com outros parasitas, como *Hymenolepis* ou *Ancylostoma*, é um fator primário de atraso no crescimento ou no desenvolvimento (Thompson, 2002 & Sackey *et al.*, 2003). Em animais jovens com uma nutrição deficiente, sobrelotação ou stress por baixas temperaturas, *a Giardia* poderia ser um fator adicional para uma doença grave. Pensa-se que podem ser a causa da mortalidade registada nas crias de íbis (Mc Roberts *et al.*, 1996).

1.3.2.2.13 Diagnóstico:

1.3.2.2.13.1 Microscopia:

A deteção microscópica de quistos *de Giardia* numa amostra de fezes, quer diretamente num esfregaço húmido, quer após concentração em formol-acetato de etilo, é o método mais frequentemente utilizado para o diagnóstico da giardíase em todo o mundo. Menos frequentemente, o diagnóstico baseia-se na deteção de trofozoítos em amostras de fezes frescas. Em comparação com a identificação de *Entamoeba* spp., a microscopia de cistos e trofozoítos *de Giardia* é mais simples, e há pouco risco de confusão com outros parasitas. Além disso, apenas os quistos "fantasma" com um aspeto vazio não são por vezes reconhecidos como parasitas *de Giardia* (Collins *et al.*, 1978). No entanto, a sensibilidade da microscopia é bastante baixa devido à excreção intermitente de quistos *de Giardia* (Rendtorff, 1954b; Danciger *et al.*, 1975), pelo que se recomenda que sejam examinadas pelo menos três amostras para excluir a giardíase.

1.3.2.2.14 Tratamento:

A Giardia lamblia pode ser eliminada do hospedeiro através do tratamento com um dos vários agentes antimicrobianos com atividade contra *Giardia* spp. A quinacrina foi inicialmente o medicamento mais utilizado nos Estados Unidos, mas já não está disponível por rotina. Assim, o metronidazol é o medicamento mais utilizado no tratamento da giardíase humana. Mais recentemente, outro nitroimidazol, o tinidazol, foi aprovado para este efeito pela Food and Drug Administration nos Estados Unidos (Fung e Doan, 2005). O albendazol também tem sido eficaz como terapia alternativa para a giardíase (Yereli *et al*, 2004).

A furazolidona tem sido utilizada habitualmente para tratar a giardíase em crianças e a nitazoxanida também demonstrou eficácia no tratamento da giardíase (Bailey *et al.*, 2004)

Há um pequeno número de doentes que falham o tratamento e que são referidos como tendo giardíase refractária. Ainda não se sabe se existe uma verdadeira resistência aos medicamentos, em parte devido à dificuldade de axenizar *a G. lamblia* para efetuar testes de suscetibilidade. Os doentes com giardíase refractária são normalmente tratados com tratamentos mais longos e/ou combinações de medicamentos, como a quinacrina e o metronidazol. Os cães e os gatos são tratados para a giardíase maioritariamente com metronidazol ou albendazol, embora um estudo recente tenha sugerido que um produto à base de febantel-praziquantel-pirantel pode ser um tratamento alternativo eficaz com efeitos secundários menos negativos (Payne *et al.*, 2009).

1.3.2.2.15 Prevenção:

A prevenção da infeção humana implica, em primeiro lugar, o controlo das fontes de água potável. Os sistemas que fornecem água potável devem utilizar a coagulação-sedimentação e a filtração como métodos de purificação, a fim de evitar um surto de giardíase transmitida pela água. De acordo com um relatório do Centro de Controlo de Doenças dos EUA, está provado que *a Giardia* spp. causou 9 de 50 surtos entre 1986 e 1988, o maior dos quais afectou mais de 500 pessoas. Oito destes são devidos a falhas nos sistemas de descontaminação da água e 6 - ao tipo de sistema de água - a água é fornecida sem filtração, apenas após a cloração (Levine *et al.*, 1990). A cloração é eficaz e mata a maioria dos organismos enteropatogénicos, mas os quistos *de Giardia* requerem concentrações mais elevadas e uma exposição mais prolongada ao cloro para serem mortos, especialmente em água fria (Jarroll *et al.*, 1981). Para fins de proteção individual, ferver a água durante 1 minuto destrói os quistos de *Giardia*. Se não for possível ferver a água, podem ser adicionadas 2 a 4 gotas de lixívia doméstica ou 2% de tintura de iodo à água, que pode ser utilizada para beber após uma hora. Se a água estiver fria, poderá ser necessário um período de permanência mais longo (Jarroll *et al.*, 1981). Os alimentos cozinhados evitam a ingestão de quistos provenientes de alimentos, água ou mãos contaminados. Atualmente, não existem preparações que possam ser utilizadas para a profilaxia da giardíase. Devido às numerosas fontes de infeção com *Giardia*, a utilização preventiva de medicamentos não pode ser recomendada, exceto em áreas altamente endémicas.

1.3.1.5.3 Metronidazol (Flagyl):

O metronidazol foi introduzido em meados da década de 1950 pela Rhone-Poulenc com o nome comercial de Flagyl. Foi o primeiro medicamento do grupo atualmente designado por nitroimidazóis. O Flagyl foi introduzido pela primeira vez como medicamento no tratamento da tricomonas vaginalis, uma doença sexualmente transmissível, e revolucionou a terapia para essa condição. Em 1964, um dentista observou que os doentes com gengivite tratados com Flagyl para o tratamento de *Trichomonas vaginalis* ficavam curados, tendo sido então estabelecida a segunda indicação principal. O Flagyl também foi considerado útil no tratamento do protozoário parasita *Giardia lamblia* e no tratamento da *Entamoeba histolytica* durante o final dos anos 1960 e 1970. No início da década de 1970, verificou-se que o Flagyl era muito ativo contra os anaeróbios obrigatórios, das quais as duas famílias mais conhecidas são os bacteroides e os clostrídios. O Flagyl é considerado o medicamento de referência para o tratamento destas infecções.

A excelente atividade anaeróbica deste medicamento torna-o extremamente eficaz contra as bactérias anaeróbicas. O metronidazol exerce o seu efeito nas bactérias através da inibição da síntese de ARN microbiano. O medicamento é ativo contra quase todos os anaeróbios estritos, incluindo espécies de bacteroides, eubacterium, tusobacterium e peptostreptococcus. O medicamento é indicado no tratamento da gengivite ulcerosa necrosante aguda e para infecções odontogénicas moderadas a graves, frequentemente em combinação com penicilinas (Richard *et al.*, 2006; Samaranayake, 2006).

CAPÍTULO 2: MATERIAIS E MÉTODOS

2.1 Materiais:

2.1.1 Produtos químicos e reagentes utilizados no ensaio antiparasitário: 3-(4,5-Dimetiltiazol-2-il)-2,5- Sigma, EUA   difeniltetrazólio brometo(MTT)

75% Metanol Loba chemie PTV.LTD.Mumbai.Índia

DMSO - Merck Chemicals, Darmstadt, Alemanha

Etanol - Avondale Laboratories, Ltd

Soro fetal de bovino - Bio west, França

L- Glutamina - British Drug House, Inglaterra

Tampão fosfato salino (PBS) - British Drug House, Inglaterra

Bicarbonato de Sódio - British Drug House, Inglaterra

Cloreto de sódio - British Drug House, Inglaterra

Trepan blue - Gibco, Grand Island, N.Y. e USADimetil

Tripsina - Bio west, França

RPMI 1640 com L-Glutamina - Gibco-Brl, Life Technology

Flagyl - Empresa; Wujiang Litown pharmaceutical

2.1.2 Agentes quimioterapêuticos:

Em todas as experiências utilizámos metronidazol (flagyl®) em pó. Patch n.º 070501. Fabricado em maio de 2015. Expira em maio de 2017. Empresa; Wujiang Li town pharmaceutical.

2.1.3 Meios de cultura:

RPMI 1640 com L-Glutamina - Gibco-Brl, Life Technology.

2.1.4 Equipamento e instrumentos utilizados no ensaio antiparasitário:

Autoclave - Griffin and George Ltd,   Inglaterra

Pipeta automática - Greiner bio-one

Centrífuga - Braun, Centrífuga   PLCseries

Placa descartável para 96 poços - Costar, Alemanha

Tubo Eppendorf 1.5 - Nalge Nunc, Inter

Tubo Falcon 15 ML - Nalge Nunc, Inter

Unidades filtrantes (0,45 um) - Nalge Nunc, Inter

Tecido de cultura de fundo plano - Costar, Alemanha

Forno de ar quente - Gallenkamp, Inglaterra

Incubadoras - Baird and Tatlock Ltd, Inglaterra

Microscópio - Will Wetzlar, Alemanha

Pipeta Pasteur - Nalge Nunc, Inter

Placas de Petri - Costar, Alemanha

Evaporador rotativo - Bichi 011 RE111, Suíça

Balança sensível tipo H T 6 - E. Mettler, Inglaterra

Agitador - Sturart scientific, Agitador de frascos, Reino Unido

copo de filtro estéril - Nalge Nunc, Inter

Seringa - Socorex

Tubo de ensaio - Nalge Nunc, Inter

Banho de água - Grant Instruments Ltd

2.2 Materiais vegetais:

2.2.1 Recolha de material vegetal:

As espécies de plantas selecionadas foram recolhidas entre janeiro e abril de 2015 em diferentes partes do Sudão. Os materiais vegetais utilizados neste estudo foram folhas de *Acacia nilotica* e *Adansonia digitata*, sementes de *Nigella sativa* e plantas inteiras de *Cyperus rotundus*. As plantas foram identificadas e autenticadas pelo **Dr. Haidar Abd-Elgadir**, o taxonomista do Medicinal and Aromatic Plants and Traditional Medicine Research Institute (MAPTMRI), Cartum, Sudão. Todas as partes das plantas foram secas ao ar, trituradas mecanicamente em pó grosso e depois utilizadas para a preparação dos extractos.

2.2.2 Preparação do extrato bruto do material vegetal:

Os extractos brutos preparados por pesagem de 100 a 500 gramas de cada um dos materiais das quatro plantas medicinais, de acordo com a sua quantidade, foram secos ao ar sob o telheiro à temperatura ambiente durante pelo menos duas semanas, moídos e extraídos por imersão tripla em etanol a 80% à temperatura ambiente durante 3 dias. Os extractos foram obtidos através da remoção do solvente orgânico utilizando um filtro para obter os filtrados e sob vácuo abaixo de 40°C por evaporação rotativa e armazenados à temperatura ambiente até à utilização, seguida do cálculo da % de rendimento obtida de acordo com um método descrito por (Harborne, 1984).

2.2.3 Preparação de extractos brutos:

A extração das plantas medicinais foi efectuada utilizando técnicas de maceração durante a noite, de acordo com o método descrito por (Harbone, 1984). Cerca de 50 g de material redondo foram macerados em 250 ml de etanol durante 3 h à temperatura ambiente. Agitou-se ocasionalmente durante 24 horas à temperatura ambiente e o sobrenadante foi decantado. Em seguida, o sobrenadante foi filtrado sob pressão reduzida por evaporação rotativa a 55°C. Cada resíduo foi pesado e a percentagem de rendimento foi calculada, sendo depois armazenado a 4°C num frasco de vidro hermeticamente fechado, pronto a ser utilizado. Os restantes extractos que não eram solúveis foram sucessivamente extraídos com etanol segundo a técnica descrita. Os extractos foram mantidos num secador de congelação durante 48 h (Virtis, EUA) até ficarem completamente secos. O resíduo foi pesado e a percentagem de rendimento foi calculada. Os extractos foram mantidos e armazenados a 4°C até serem necessários.

2.3 Recolha e identificação de parasitas:

A Entamoba histolytica e *a Gairdia lamblia* utilizadas nas experiências foram colhidas de pacientes com amebíase e giardíase positivas.

2.3.1 Meio de cultura:

Para transportar a amostra do hospital para o instituto de investigação, os trofozoítos de *Entamoba histolytica* e *Gairdia lamblia* foram mantidos em meio CRPMI. A subcultura do parasita foi efectuada a 37 ± 1°C em meio RPMI 1640 contendo 5% de soro bovino. Os trofozoítos para os ensaios foram utilizados na fase logarítmica de crescimento.

2.3.2 Ensaios de suscetibilidade *in vitro*:

Os ensaios de suscetibilidade *in vitro* utilizaram o método de subcultura de (Cedilla *et al.*, 2002). Este é um método altamente rigoroso e sensível para avaliar os efeitos antiprotozoários padrão-ouro, particularmente em *Entamoba histolytica*, *Gairdia intestinalis* e *T. vaginalis* (Arguello *et al.*, 2004).

5 mg de cada amostra de mel foram dissolvidos em 50 µĩ de dimetil sulfoxzida (DMSO) em tubo eppendorf contendo 950 µl de água destilada, a fim de atingir a concentração de 5 mg/ml (5000 ppm). Os concentrados foram armazenados a -20 °C para análise posterior.

Foi utilizada uma placa microtite estéril de 96 poços para os diferentes méis, bem como para os controlos positivo e negativo.

Foram colocados 20 µl de meio RPMI completo nos poços - exceto nos três primeiros poços C-1 (aos quais foram adicionados 40 µl de uma solução de extrato (5 mg/ml) nos três primeiros poços e as concentrações finais foram de 1000 µg/ml. 20 µl de meio RPMI completo foram colocados nos poços nos seguintes C-2 foi 500µg/ml e C-3 que foi 250 µg/ml. 80 µĩ de meio de cultura foi complementado com parasita e adicionado a todos os poços. O volume final nos poços foi de 100 µí.

Cada teste incluiu o composto puro metronidazol [(1-(2-hidroxietl)-2-metil- 5 nitroimidazol], um tricomonocida utilizado como controlo positivo na concentração de 312,5 ppm, enquanto as células não tratadas foram utilizadas como controlos negativos (meio de cultura mais trofozoítos). As amostras foram recolhidas para contagem às 24, 48, 72 e 96 horas.

Para a contagem, as amostras foram misturadas com azul de Tripan num volume igual. O número final de parasitas foi determinado com um hemocitómetro em triplicado.

A % de mortalidade do parasita para a atividade de cada extrato foi realizada de acordo com a seguinte fórmula

Mortality of parasites (%) = (Control negative – tested sample with extract) × 100%
Control negative

Apenas se considerou uma inibição de 100% do parasita, quando não se observou nenhum parasita móvel.

2.3.3 Contagem de parasitas:

As contagens de parasitas foram efectuadas utilizando a câmara de Neubauer melhorada. A lamela e a câmara foram limpas com detergente, cuidadosamente lavadas com água destilada e trocadas com etanol a 70%, sendo depois secas. O líquido da suspensão celular foi misturado com igual volume de azul de tripano a 0,4% num pequeno tubo. A câmara foi completada com a suspensão celular. Depois de os parasitas terem assentado, a câmara foi colocada ao microscópio ótico. Utilizando uma objetiva de 40 X, contaram-se as células nos 4 quadrados de canto grandes (cada um contendo 16 quadrados pequenos). Utilizou-se a seguinte fórmula para calcular os parasitas:

$$\text{(Parasites/ml)} \ N = \frac{\text{Number of cells counted X Dilution factor X } 10^4}{4}$$

2.3.4 Criopreservação de *Entamoeba histolytica* e *Giardia lamblia*:

Para evitar a perda de *Entamoeba histolytica* e *Giardia lamblia*, o excesso de *Entamoeba histolytica* e Giardia *lamblia* foi conservado em azoto líquido da seguinte forma: Partes iguais da suspensão de parasitas e do meio de congelação (10 % DMSO em meio completo) foram dispersas em criotubos. Os criotubos foram colocados em caixas de poliestireno devidamente rotuladas e arrefecidos gradualmente até atingirem -80° C. Em seguida, os criotubos foram transferidos para azoto líquido (-196° C).

2.4 Atividade antioxidante:

2.4.1 Ensaio de eliminação do radical DPPH:

A eliminação do radical DPPH foi determinada de acordo com o método de Shimada et al. (1992) com algumas modificações. Em uma placa de 96 poços, as amostras de teste foram deixadas reagir com o radical livre estável 2,2Di (4-tert-octilfenil)-1-picril-hidrazil (DPPH) por meia hora a 37°C. A concentração de DPPH foi mantida em 300 μM. As amostras de teste foram dissolvidas em DMSO, enquanto o DPPH foi preparado em etanol. Após a incubação, a diminuição da absorvância foi medida a 517 nm utilizando um espetrofotómetro de leitura de placas múltiplas. A percentagem de atividade de eliminação de radicais pelas amostras foi determinada em comparação com um grupo de controlo tratado com DMSO e com galato de propilo (PG). Todos os testes e análises foram efectuados em triplicado.

2.4.2 Ensaio de quelação de ferro:

A capacidade de quelação do ferro foi determinada de acordo com o método modificado de Dinis et al. (1994). O $Fe2+$ foi monitorizado através da medição da formação do complexo ião ferroso/ferrozina. A experiência foi efectuada numa placa de microtítulo de 96. Os extractos de plantas foram misturados com $FeSO4$. A reação foi iniciada pela adição de ferrozina 5 mM. A mistura foi agitada e deixada à temperatura ambiente durante 10 minutos. A absorvância foi medida a 562 nm. O EDTA foi utilizado como padrão e o DMSO como controlo. Todos os testes e análises foram efectuados em triplicado.

2.5 Rastreio da citotoxicidade:

O ensaio MTT de tetrazólio em microcultura foi utilizado para avaliar a citotoxicidade das quatro plantas medicinais sudanesas.

2.5.1 Ensaio de tetrazólio em microcultura (MTT):

2.5.1.1 Princípio:

Este ensaio colorimétrico baseia-se na capacidade das enzimas succinato desidrogenase da mitocôndria em células vivas para reduzir o substrato amarelo solúvel em água brometo de 3(4, 5-dimetiltiazol-2-il)-2, 5-difenil tetrazólio (MTT) num produto formazan insolúvel, de cor azul, que é medido espectrofotometricamente. Uma vez que a redução do MTT só pode ocorrer em células metabolicamente activas, o nível de atividade é uma medida da viabilidade das células (Patel *et al.*, 2009).

2.5.1.2 Preparação de extractos de plantas:

Utilizando uma balança sensível, foram pesados 5 mg de cada extrato e colocados em tubos eppendorf. Foram adicionados 50 µl de DMSO ao extrato e o volume foi completado para 1 ml com água destilada, obtendo-se uma concentração de 5 mg/ml. A mistura foi agitada em vórtex e agitada com um agitador magnético para obter uma solução homogénea.

2.5.1.3 Linha celular e meio de cultura:

As células Vero (normais, rim de macaco verde africano) foram cultivadas num frasco de cultura contendo um meio completo constituído por 10% de soro fetal de bovino e 90% de meio essencial mínimo (MEM) e depois incubadas a 37° C. As células foram submetidas a subcultura duas vezes por semana.

2.5.1.4 Linha celular utilizada:

Células Vero (normais, rim de macaco verde africano).

2.5.1.5 Contagem de células:

A contagem das células foi efectuada utilizando a câmara de Neubauer melhorada. A lamela e a câmara foram limpas com detergente, enxaguadas cuidadosamente com água destilada e trocadas com etanol a 70%, sendo depois secas. Misturou-se uma alíquota da suspensão celular com igual volume de azul de tripano a 0,4% num pequeno tubo. A câmara foi carregada com a suspensão de células. Depois de as células terem assentado, a câmara foi colocada ao microscópio ótico. Utilizando uma objetiva de 40 X, contaram-se as células nos 4 quadrados de canto grandes (cada um contendo 16 quadrados pequenos). Utilizou-se a seguinte fórmula para calcular as células:

$$\text{(Cells/ml)} \ \ N = \frac{\text{Number of cells counted X Dilution factor X } 10^4}{4}$$

2.5.1.6 Procedimento:

A cultura de células em monocamada formada nos frascos de cultura foi tripsinizada e as células foram colocadas num tubo de centrifugação e centrifugadas durante 5 minutos, separando as células do

O sobrenadante foi retirado. Foi adicionado 1 ml de meio completo às células e toda a suspensão de células foi contida numa bacia. Numa placa de microtítulo de 96 poços, foram preparadas diluições em série de cada extrato. 3 concentrações duplicadas para cada extrato, ou seja, 6 poços para cada um dos 8 extractos. Foram utilizados todos os alvéolos das linhas A, B e C, para além dos primeiros 4 alvéolos de cada linha D, E e F. Os primeiros 2 alvéolos da linha G foram utilizados para o controlo negativo e os primeiros 2 alvéolos da linha H foram utilizados para o controlo positivo Triton X. 20 μl meio completo pipetado em todos os poços das filas B, C e nos poços mencionados das filas E e F. Em seguida, 20 pl de cada extrato foram pipetados nas filas A e B e nos primeiros 4 poços das filas E e F. 20 pl retirados da fila B foram pipetados e misturados bem na fila C, da qual 20 pl foram retirados e sacudidos. O mesmo foi feito de E a F. Depois disso, foram adicionados 80 pl de meio completo a todos os poços utilizados. Em seguida, ajustando o número de células para 3000 células/poço, foram adicionados 100 pl de suspensão de células, completando todos os poços com o volume de 200 μl. . Agora, duplicámos três concentrações 500, 250, 125 Lig/ml para cada extrato. Em seguida, a placa foi tapada e incubada a 37° C durante 96 horas.

No quarto dia, o sobrenadante foi retirado de cada poço sem separar as células. A suspensão-mãe de MTT (5 mg/ml) preparada anteriormente em 100 ml de solução tampão fosfato (PBS) foi diluída (1:3,5) num meio de cultura. Em cada poço da placa de 96 poços, foram adicionados 50 pl de MTT diluído. A placa foi incubada durante mais 4 horas a 37° C. O MTT foi retirado cuidadosamente, sem separar as células, e foram adicionados 100 μl de DMSO a cada poço. A placa foi agitada à temperatura ambiente durante 10 minutos e depois lida a 540 nm utilizando um leitor de microplacas. A percentagem de inibição do crescimento foi calculada utilizando a fórmula seguinte:

% de inibição celular = 100-{(Ac-At)/Ac} x 100

Em que, **At** = valor da absorvância do composto em estudo; **Ac** = valor da absorvância do controlo.

2.5.1.7 Interpretação dos dados:

Os valores de absorvância que são inferiores aos das células de controlo indicam uma redução na taxa de proliferação celular. Inversamente, uma taxa de absorvância mais elevada indica um aumento da proliferação celular. Raramente, um aumento da proliferação pode ser compensado por morte celular; a evidência de morte celular pode ser inferida a partir de alterações morfológicas (Patel *et al.*, 2009).

2.6 Análise estatística:

Todos os dados foram apresentados como médias ± S.D. A análise estatística de todos os resultados dos ensaios foi efectuada utilizando o programa Microsoft Excel (2007).

CAPÍTULO 3: RESULTADOS

3.1 Percentagem de rendimento dos extractos etanólicos de algumas plantas medicinais sudanesas:

As Tabelas (3.1) mostram a percentagem de rendimento dos extractos etanólicos, a atividade anti-amebiana, a atividade antigiardial, a atividade antioxidante e a citotoxicidade das plantas investigadas neste estudo. Todos os extractos de plantas mostraram uma elevada potência *in vitro* contra *E. histolytica* e *G. lamblia*.

Tabela 3.1: Percentagem de rendimento de extractos etanólicos de algumas plantas medicinais sudanesas:

Não.	Nome científico das plantas	Nome de família	Parte Usado	Peso da amostra (g)	Rendim ento (%)
1	*Acácia nilótica*	**Mimosáceas**	**Folhas**	500	**7.50**
2	*Adansonia digitata*	**Malvaceae**	**Folhas**	500	**10.34**
3	*Cyperus rotundus*	**Cyperaceae**	**Plantas inteiras**	500	10.50
4	*Nigella sativa*	**Ranunculace ae**	**Sementes**	500	**8.3**

3.2 Atividade *in vitro* de algumas plantas sudanesas contra *Entamoeba histolytica*:

A atividade anti-amebiana *in vitro* de algumas plantas sudanesas (concentrações: 500, 250, 125, $\mu g/ml$) foram avaliadas em comparação com doses de "controlo positivo" de metronidazol: 312,5 $\mu g/ml$ ". As contagens vivas de trofozoítos de *Entamoeba histolytica* foram registadas a cada 24 horas e seguidas até quatro dias.

Todas as amostras de plantas mostraram uma atividade antiamoébica dependente da concentração mostrada na figura (3.1, 3.2, .3.3 e 3.4).

A atividade de *A. nilotica* (folhas) que exibiu 100% de mortalidade contra trofozoítos de *Entamoeba histolytica* a uma concentração de 500 $\mu g/ml$ após 96 horas; foi mostrada na Figura (3.1). Este resultado foi comparado com o metrondizol que deu 98% de mortalidade de trofozoítos a uma concentração de 312,5 $\mu g/ml$ ao mesmo tempo.

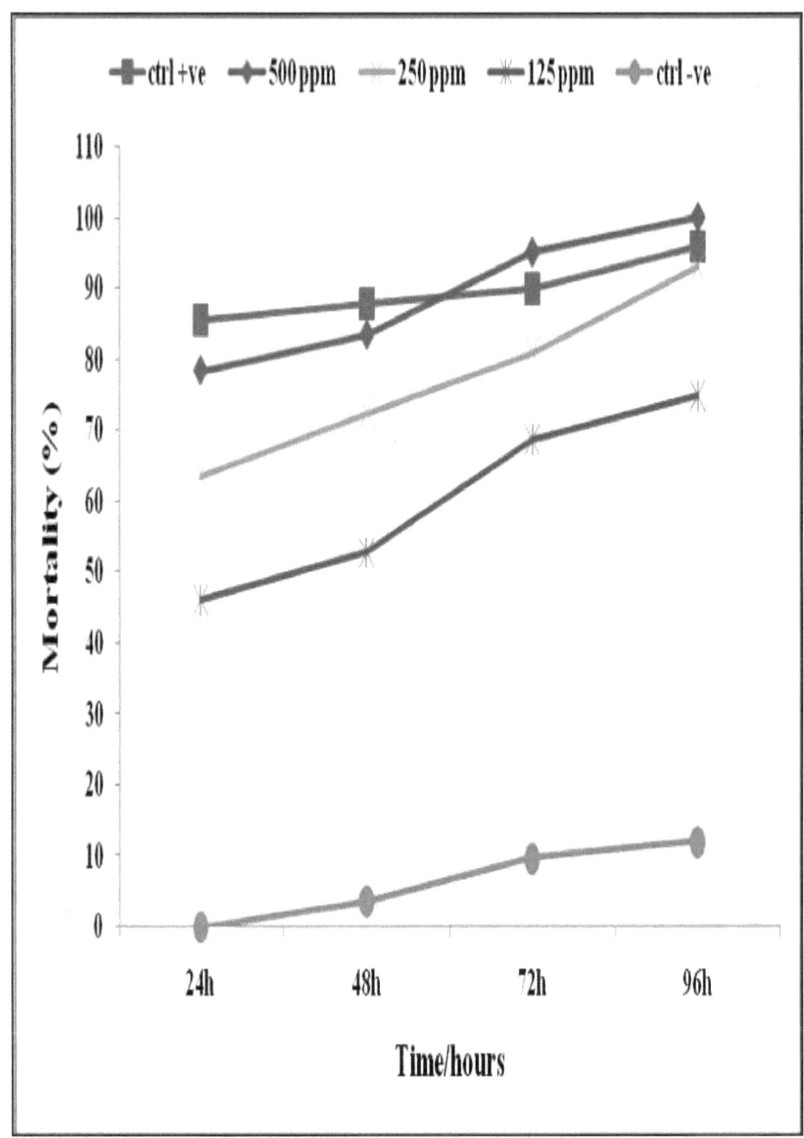

Figura 3.1: Atividade *in vitro* do extrato etanólico de *A. nilotica* (folhas) contra *Entamoeba histolytica.*

A figura (3.2) mostra a atividade de *A. digitata* (folha). O resultado indicado foi uma mortalidade de 100% dos trofozoítos de *Entamoeba histolytica* a uma concentração de 500 µg/ml após 96 horas; quando comparado com o metrondizol, que deu uma mortalidade de 98% dos trofozoítos a uma concentração de 312,5 pg/ml ao mesmo tempo.

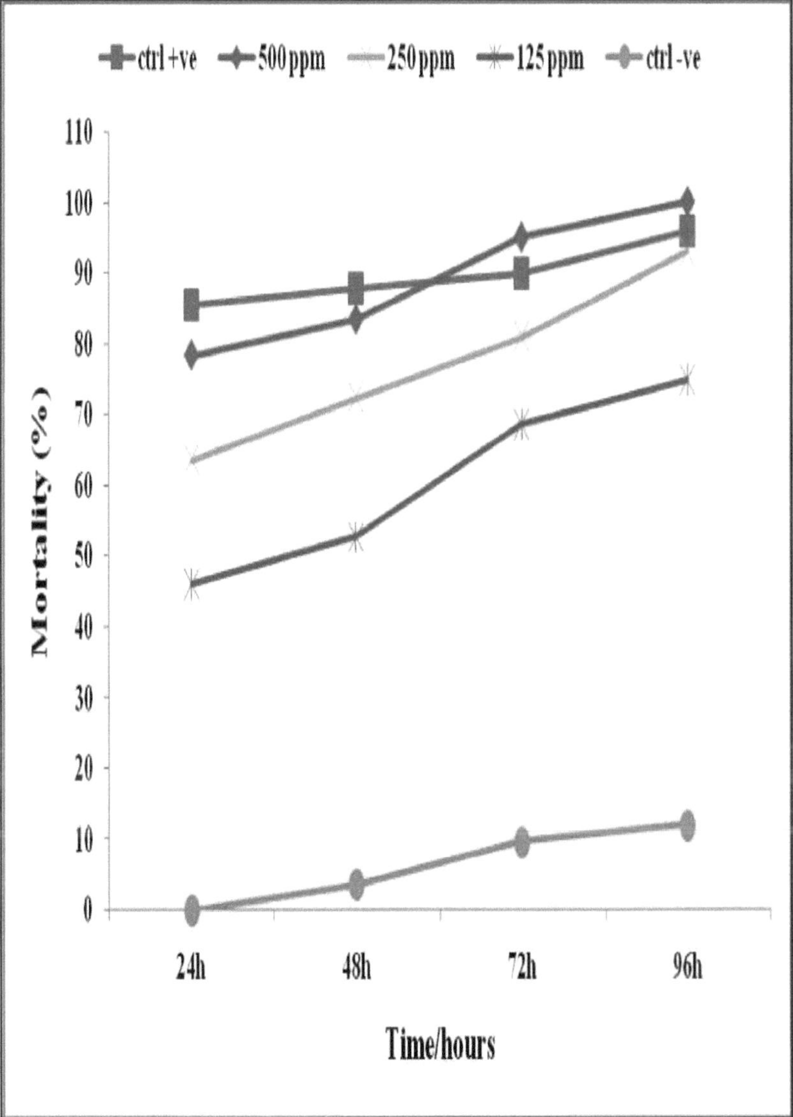

Figura 3.2: Atividade *in vitro* do extrato etanólico de *A. digitata* (folha) contra *Entamoeba histolytica*.

O extrato etanólico de *C. rotundus* (planta inteira) mostrou uma inibição de 100% a uma concentração de 500 Lig/ml após 96 h; que foi comparada com o Metronidazol que deu uma inibição de 98% a uma concentração de 312,5 $\mu g/ml$ ao mesmo tempo contra *E. histolytica* Figura (3.3).

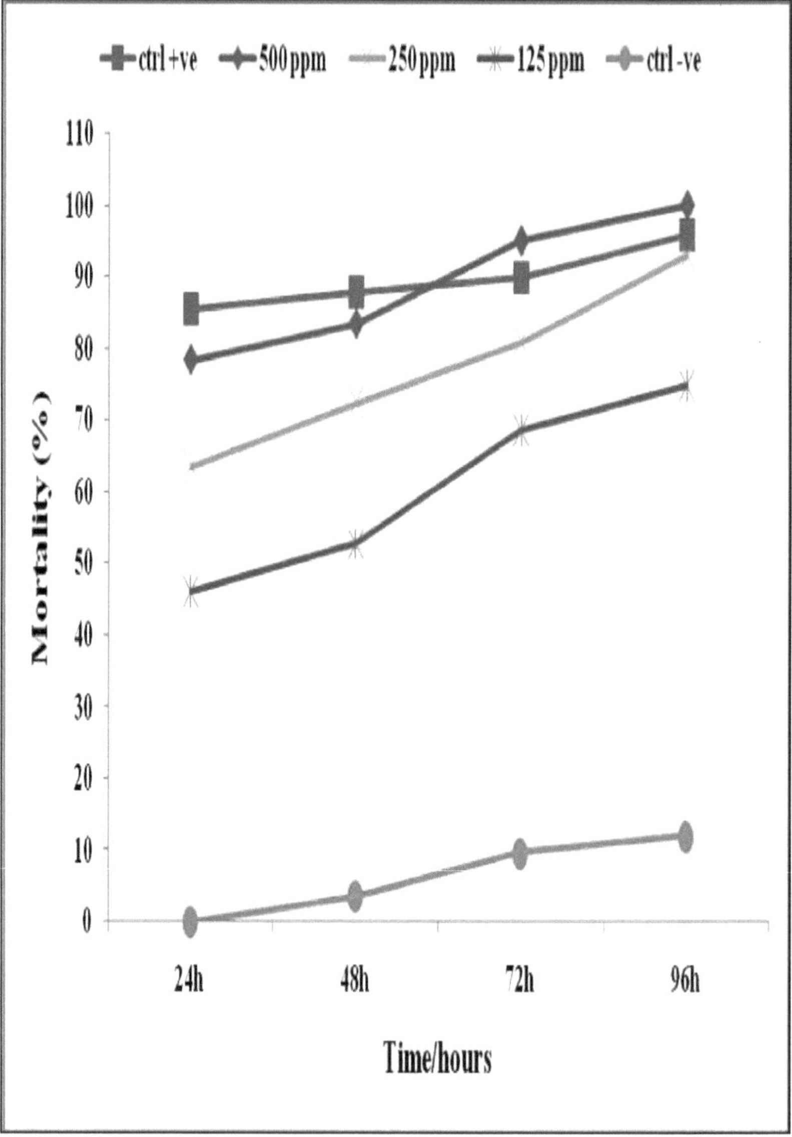

Figura 3.3: Atividade *in vitro* do extrato etanólico de *C. rotundus* (planta inteira) contra *Entamoeba histolytica.*

Os extractos de etanol de *N. sativa* (sementes) mostraram uma inibição de 95% a uma concentração de 500 Lig/ml após 96 h; isto foi comparado com o Metronidazol que deu uma inibição de 98% a uma concentração de 312,5 $\mu g/ml$ ao mesmo tempo contra *E. histolytica*. Figura (3.4).

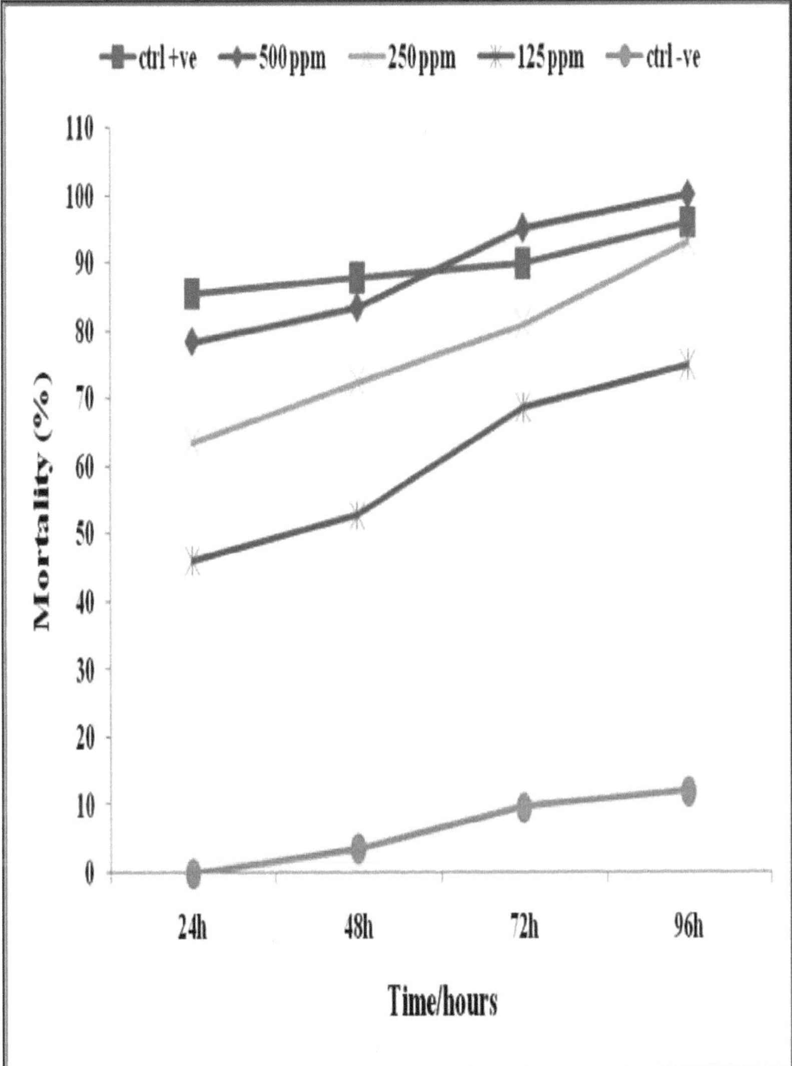

Figura 3.4: Atividade *in vitro* do extrato etanólico de *N. sativa* (sementes) contra *Entamoeba histolytica*.

3.3 Atividade *in vitro* de algumas plantas sudanesas contra *Giardia lambila*:

A atividade antigiardial *in vitro* de algumas plantas sudanesas (concentrações: 500, 250, 125, μg/ml) foram avaliadas versus doses de "controlo positivo" de metronidazol: 312,5 μg/ml" . As contagens de trofozoítos de *Giardia lamblia* foram registadas a cada 24 horas e seguidas até quatro dias.

Todas as amostras de plantas mostraram uma atividade antigiardial dependente da concentração mostrada na figura (3.5, 3.6, 3.7 e 3.8).

A atividade de *A. nilotica* (folhas) que exibiu 100% de mortalidade contra trofozoítos *de Giardia lamblia* a uma concentração de 500 $\mu g/ml$ após 96 horas; foi mostrada na Figura (3.5). Este resultado foi comparado com o metrondizol, que deu 96% de mortalidade de trofozoítos a uma concentração de 312,5 $\mu g/ml$ ao mesmo tempo.

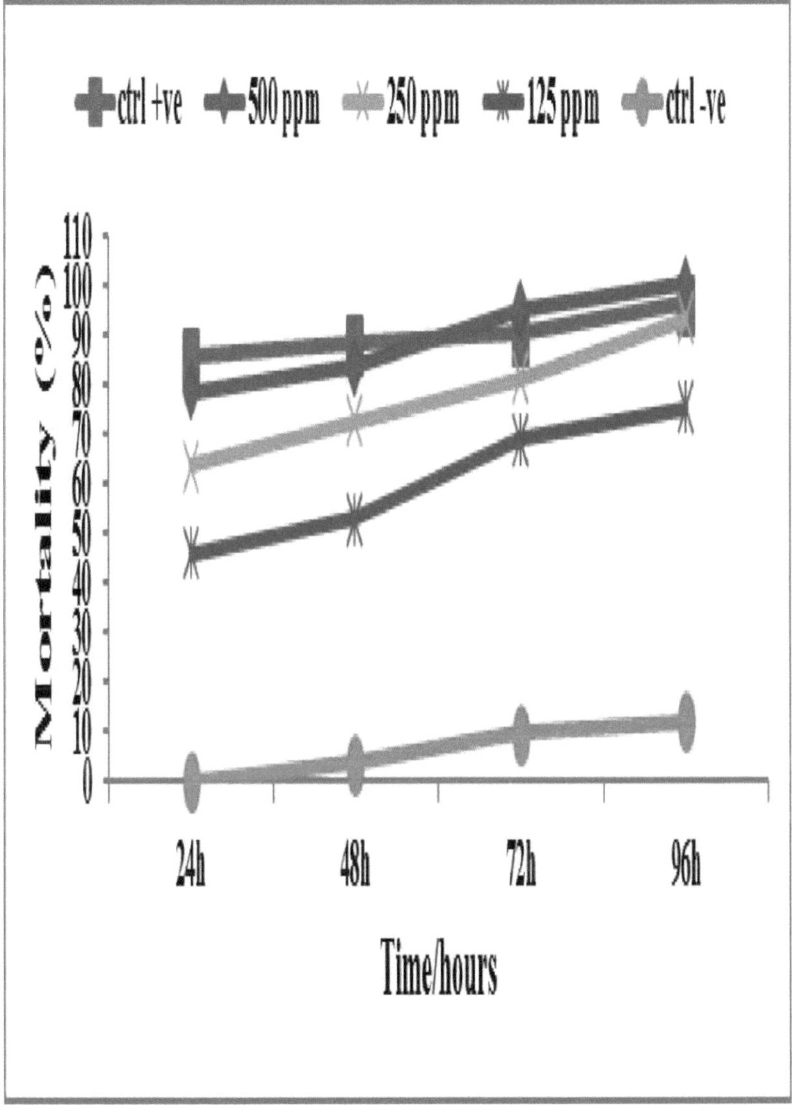

Figura 3.5: Atividade *in vitro* do extrato etanólico de *A. nilotica* (folhas) contra *Giardia lamblia*.

A figura (3.6) mostra a atividade de *A. digitata* (folha). O resultado indicado foi uma mortalidade de 100% dos trofozoítos *de Giardia lamblia* a uma concentração de 500 µg/ml após 96 horas; quando comparado com o metrondizol, que deu uma mortalidade de 96% dos trofozoítos a uma concentração de 312,5 µg/ml ao mesmo tempo.

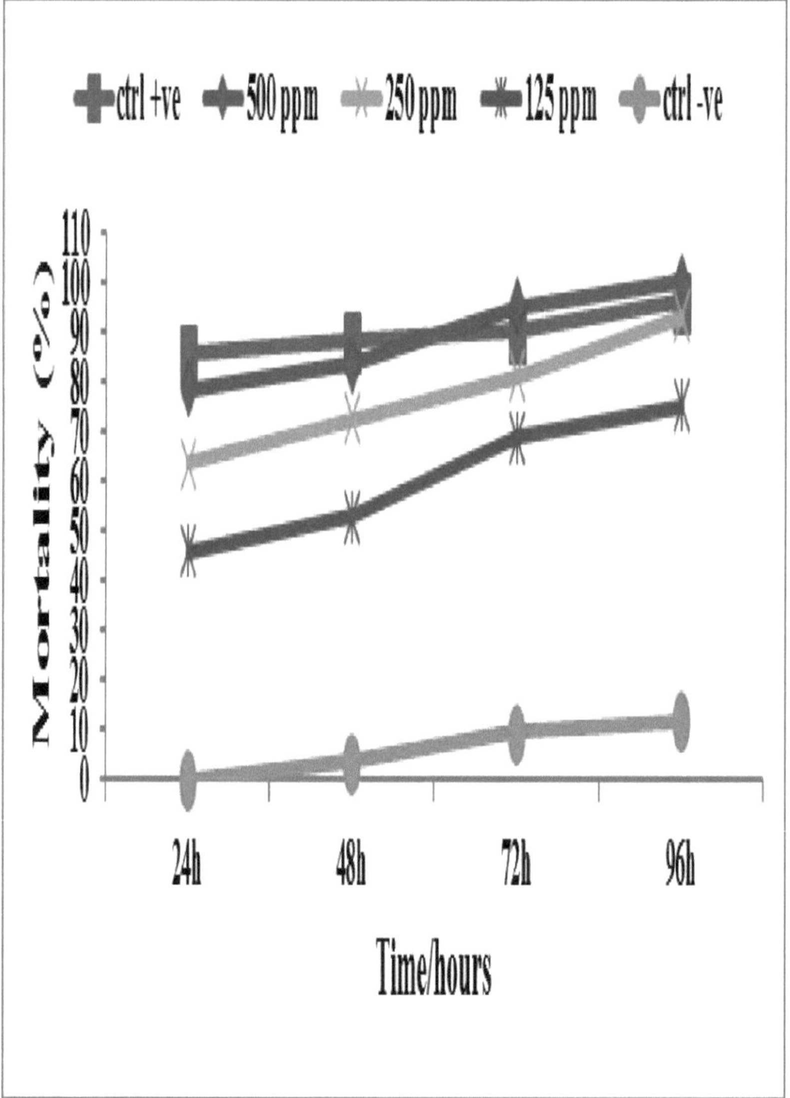

Figura 3.6: Atividade *in vitro* do extrato etanólico de *A. digitata* (folha) contra *Giardia lamblia.*

O extrato etanólico de *C. rotundus* (planta inteira) mostrou uma inibição de 100% a uma concentração de 500 Lig/ml após 96 h; o que foi comparado com o Metronidazol que deu uma inibição de 96% a uma concentração de 312,5 $\mu g/ml$ ao mesmo tempo contra *G. lamblia*. Figura (3.7).

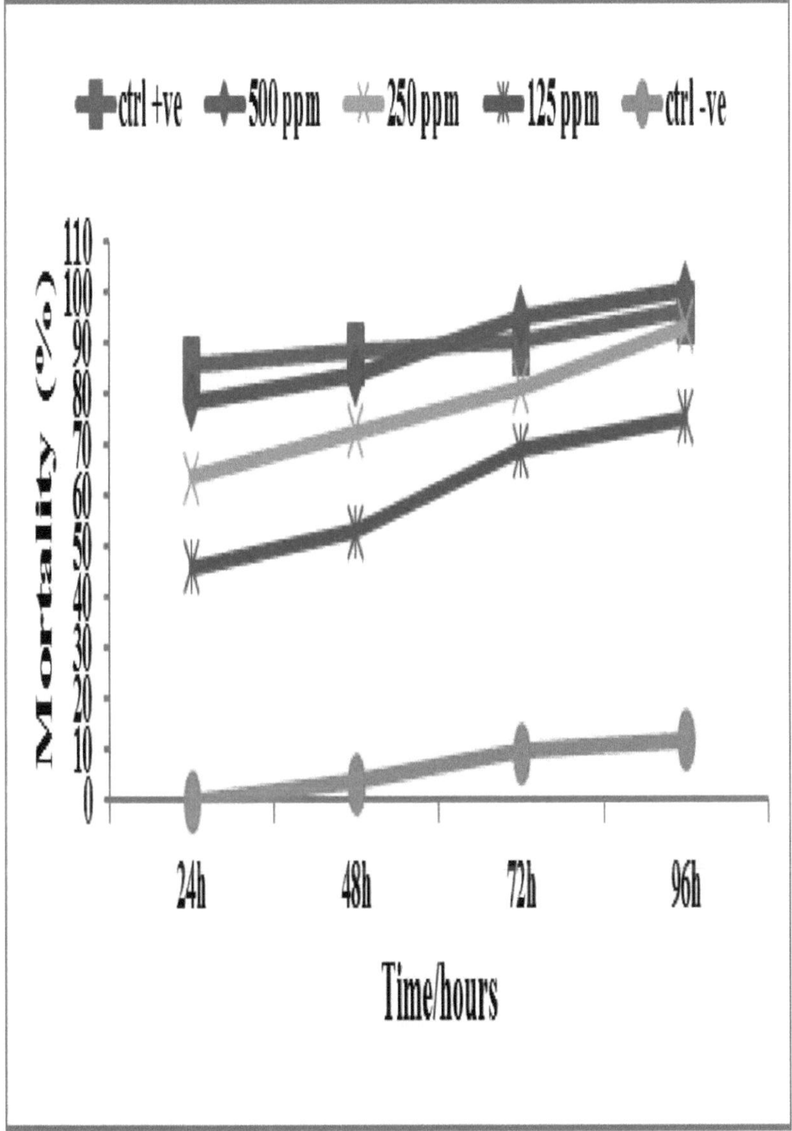

Figura 3.7: Atividade *in vitro* do extrato etanólico de *C. rotundus* (planta inteira) contra *Giardia lamblia.*

Os extractos etanólicos de *N. sativa* (sementes) mostraram uma inibição de 95% a uma concentração de 500 Lig/ml após 96 h; isto foi comparado com o Metronidazol que deu uma inibição de 98% a uma concentração de 312,5 $\mu g/ml$ ao mesmo tempo contra *G. lamblia*. Figura (3.8).

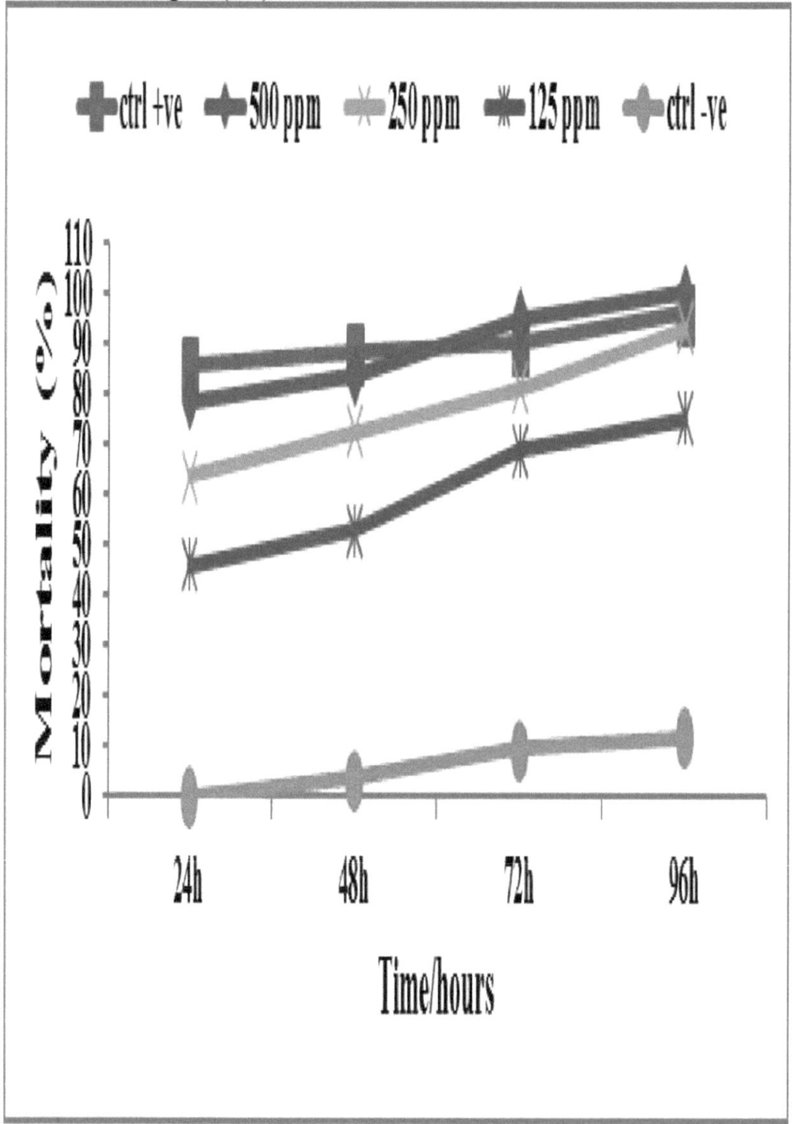

Figura 3.8: Atividade *in vitro* do extrato etanólico de *N. sativa* (sementes) contra *Giardia lamblia*.

3.4 Atividade antioxidante de algumas plantas medicinais sudanesas:

Como se mostra na Tabela 3.2, os resultados da atividade antioxidante de quatro plantas sudanesas contra o radical livre DPPH e os ensaios de quelação de ferro.

Quadro 3.2: Atividade antioxidante de algumas plantas medicinais sudanesas

Não.	Nome das amostras	Peça utilizada	%RSA ±SD (DPPH)	% de quelação de ferro ± DP
1	*Acácia nilótica*	Folhas	65 ± 0.04	30 ± 0.02
2	*Adansonia digitata*	Folhas	13 ± 0.03	Inativo
3	*Cyperus rotundus*	Plantas inteiras	70 ± 0-10	40 ± 0.02
4	*Nigella sativa*	Sementes	60 ± 0.05	13 ± 0.03
5	*^< Controlo	PG / EDTA	91 ± 0.01	98 ± 0.02

Legenda: PG= Propilgalato   **RSA= Atividade de eliminação de radicais**
DPPH= 2,2, difenil -1- picrilhidrazila .

3.5 Atividade citotóxica de algumas plantas medicinais sudanesas:

Citotoxicidade utilizando o brometo de 3- (4, 5-dimetiltiazol-2-il)-2, 5-difenil tetrazólio (MTT) da linha celular Vero, enquanto o triton-x100 foi utilizado como padrão (controlo), mostrado na Tabela (3.3).

Quadro 3.3: Citotoxicidade dos extractos de plantas em linhas celulares normais (linha celular Vero), medida pelo ensaio MTT

Não.	Nome das amostras	Concentração (pg/ml)	Absorvância	Inibição (%) ± DP	IC_5o (ug/ml)
1	*Acacia nilotica* (folhas)	500	1.43	50.9 ± 0.05	> 100
		250	1.53	47.5 ± 0.03	
		125	2.07	29.1 ± 0.02	
2	*Adansónia digitata* (folhas)	500	2.42	17.9 ± 0.05	> 100
		250	2.87	10.8 ± 0.03	
		125	3.42	5.5 ± 0.02	
3	*Cyperus rotundus* (plantas inteiras)	500	0.98	40.39 ± 0.07	> 100
		250	1.04	30.80 ± 0.09	
		125	1.34	16.84 ± 0.01	

4	*Nigella sativa* (sementes)	500	2.42	19.3 ± 0.05	> 100
		250	2.87	1.8 ± 0.03	
		125	3.42	-17.5 ± 0.02	
5	*Controlo		0.14	95.3 ± 0.01	< 30

Legenda: Controlo = Tnton-xlOO foi utilizado como controlo positivo a 0,2 ug/mL.

4.1 Antecedentes:

Este trabalho foi iniciado com o objetivo de analisar algumas plantas sudanesas quanto às suas actividades biológicas *in vitro* como antiamoébico contra (*Entamoeba histolytica*) e antigiardial contra (*Giardia lamblia*). Os resultados obtidos foram comparados com os do metronidazol (Flagyl®), um medicamento sintético que é amplamente utilizado para o tratamento da amebíase e da giardíase.

Também foram tentados outros aspectos das actividades biológicas das plantas, como a atividade antioxidante utilizando DPPH, quelação de ferro e citotoxicidade (ensaio MTT).

4.2 Atividade *in vitro* de algumas plantas medicinais sudanesas contra *E. histolytica*:

As doenças causadas por protozoários constituem grandes problemas de saúde em todo o mundo, particularmente nos países tropicais em desenvolvimento. Entre os parasitas protozoários, *Giardia lamblia* e *Entamoeba histolytica* têm a maior incidência de doenças diarreicas no Sudão. A quimioterapia é a primeira escolha para o tratamento das doenças causadas por protozoários; no entanto, tem efeitos secundários comprovados. Por conseguinte, há necessidade de alternativas de tratamento seguras e eficazes, incluindo plantas como uma das alternativas prontamente disponíveis para o controlo e a prevenção da amebíase.

A Organização Mundial de Saúde (OMS) estima que o protozoário *Entamoeba histolytica* é uma das principais causas de morbilidade a nível mundial, causando aproximadamente 50 milhões de casos de disenteria e 100.000 mortes por ano (Organização Mundial de Saúde, 1997; Ravdin e Stauffer, 2005). A amebíase intestinal devida à infeção por *E. histolytica* ocupa o terceiro lugar na lista de infecções por protozoários parasitas que levam à morte, a seguir à malária e à esquistossomose (Farthing *et al.*, 1996). A amebíase é a infeção do trato gastrointestinal humano por *E. histolytica*; um protozoário parasita capaz de invadir a mucosa intestinal e que pode propagar-se a outros órgãos, principalmente ao fígado, o que geralmente conduz a um abcesso hepático amebiano. Esta infeção continua a ser uma causa significativa de morbilidade e mortalidade em todo o mundo (Stanley Jr e Reed, 2001). A amebíase é uma ocorrência rara nos países desenvolvidos do mundo, mas apenas encontrada em viajantes, imigrantes, homossexuais e pessoas institucionalizadas. A disenteria associada à *E. histolytica* é uma ocorrência comum nos países menos desenvolvidos e em desenvolvimento do mundo, mas é mais comum em áreas de baixo estatuto socioeconómico, saneamento e nutrição deficientes, especialmente nos trópicos (Ravdin e Stauffer, 2005). Assim, a maioria das infecções por *E. histolytica*, a morbilidade e a mortalidade ocorrem em África, na América Central e do Sul e no subcontinente indiano (Haque et al., 2000). Apesar do rastreio exaustivo anterior de plantas medicinais sudanesas quanto à sua atividade antiprotozoária (Samia *et al*; 2004; Hiba *et al*; 2002; El Tahir *et al*; 1999).

Todas as plantas examinadas contra *Entameba hitolytica* mostraram actividades trofozoíticas variáveis, dependendo da fonte botânica das plantas e da concentração aplicada *in vitro*.

O potencial anti-amebiano dos extractos etanólicos de cinco plantas medicinais sudanesas, com diferentes concentrações (500, 250 e 125 ppm) e Mertronidazole (o controlo de referência) com concentração ($312,5 \mu g/ml$)) foi investigado contra trofozoítos de *E. histolytica in vitro*.

O extrato etanólico de *A. nilotica* (folhas) mostrou uma inibição de 100% a uma concentração de 500 $\mu g/ml$ após 96 h; o que foi comparado com o Metronidazol que deu uma inibição de 98% a uma concentração de 312,5 $\mu g/ml$ ao mesmo tempo contra *E. histolytica* **Figura** (3.1). Além disso, estes resultados obtidos neste estudo são semelhantes aos estudos realizados para a atividade anti-helmíntica por Bachayaa *et al.*, (2009) que utilizaram diferentes partes de *A. nilotic* (fruto). Também são semelhantes aos estudos realizados para a atividade antimalárica por Ali *et al.*, (2010) & Tahir *et al.*, (1999), que utilizaram diferentes partes de *A. nilotic* (raiz).

A atividade promissora da planta neste estudo pode ser explicada pelos constituintes químicos - alcalóides, óleos essenciais voláteis, fenóis e glicosídeos fenólicos, resinas, oleosinas, esteróides, taninos e terpenos (Banso, 2009), fitoesteróis, óleos fixos, gorduras, compostos fenólicos, flavonóides e saponinas (Ogbadoyi, *et al.*, 2011).

O extrato de etanol de *A. digitata* (folhas) mostrou uma inibição de 100% a uma concentração de 500 pg/ml após 96 h; que foi comparada com o Metronidazol que deu uma inibição de 98% a uma concentração de 312,5 pg/ml ao mesmo tempo contra *E. histolytica* **Figura** (3.2).

O extrato de etanol de *C. rotundus* (planta inteira) mostrou uma inibição de 100% a uma concentração de 500 pg/ml após 96 h; que foi comparada com o Metronidazol que deu uma inibição de 96% a uma concentração de 312,5 pg/ml ao mesmo tempo contra *E. histolytica* **Figura** (3.3).

Além disso, estes resultados obtidos neste estudo são semelhantes aos estudos realizados para a atividade antimalárica por Thebtaranonth e Thebtaranont (1995) e o rastreio abrangente anterior de plantas medicinais sudanesas para a sua atividade antiprotozoária (Samia *et al.*, 2004; Ali *et al.*, 2002; Koko, 2005).

O extrato etanólico de *N. sativa* (sementes) mostrou uma inibição de 100% a uma concentração de 500 pg/ml após 96 h; que foi comparada com o Metronidazol que deu uma inibição de 98% a uma concentração de 312,5 pg/ml ao mesmo tempo contra *E. histolytica* 88

Figura (3.4). Além disso, estes resultados obtidos neste estudo são semelhantes aos estudos realizados para a atividade anti-helmíntica contra *Schistosoma mansoni* por Mahmoud *et al.*, (2002); ElShenawy *et al.*, (2008), também semelhantes aos estudos realizados para a atividade anti-helmíntica contra *Hymenolepis nana* (Ayaz *et al.*, 2007).

A atividade promissora da planta neste estudo pode ser explicada pelos constituintes químicos - contém três flavonóides, nomeadamente quercetina e kaempferol 3- glucosil (1-2) galactosil (1-2) glusosídeo e quercitina -3-(6-ferulolil glucosil) (1-2) galactosil (1-2) glucosídeo (Merfort et al., 1997).

Todas as plantas usadas exibiram 100% de mortalidade contra trofozoítos de *Entamoeba histolytica* a uma concentração de 500 $\mu g/ml$ após 96 horas; isto foi comparado com metrondizol que deu 98% de mortalidade de trofozoítos a uma concentração de 312,5 pg/ml ao mesmo tempo. Como se mostra nos resultados das **Figuras** (3.1, 3.2, 3.3 e 3.4), todas as plantas estudadas são mais activas como antiamoébicas do que o metronidazol.

4.3 Atividade *in vitro* de algumas plantas medicinais sudanesas contra *Giardia lamblia*:

A Giardia lamblia é uma causa importante de doença gastrointestinal aguda e crónica em todo o mundo e foi identificada como o agente etiológico em numerosos surtos de doença diarreica transmitida pela água. Embora *a G. lamblia* esteja entre as infecções por protozoários entéricos mais prevalentes nos seres humanos, só recentemente é que as melhorias no cultivo *in vitro* deste organismo permitiram testes fiáveis e reprodutíveis para avaliar a atividade *in vitro* de agentes terapêuticos contra a *G. lamblia* (Boreham *et al*; 1984). Apesar do rastreio abrangente anterior de plantas medicinais sudanesas quanto à sua atividade antiprotozoária (Samia *et al*; 2004; Hiba *et al*; 2002; El Tahir *et al*; 1999).

O presente estudo é uma tentativa de determinar a eficácia das plantas como agentes antigiardiais quando adicionadas em diferentes concentrações (500, 250 e 125 $\mu g/ml$) à cultura axénica de *G. lamblia*. A atividade trofozoidicial das amostras de plantas foi comparada com várias concentrações de metronidazol.

Todas as plantas examinadas contra *G. lamblia* mostraram actividades trofozoíticas variáveis, dependendo da fonte botânica das plantas e da concentração aplicada *in vitro*.

O potencial antiagiárdio dos extractos etanólicos de cinco plantas medicinais sudanesas, com diferentes concentrações (500, 250 e 125 ppm) e Mertronidazol (o controlo de referência) com concentração (312,5 µg/ml)) foi investigado contra trofozoítos de *G. lamblia in vitro*.

O extrato etanólico de *A. nilotica* (folhas) mostrou uma inibição de 100% a uma concentração de 500 pg/ml após 96 h; o que foi comparado com o Metronidazol que deu uma inibição de 96% a uma concentração de 312,5 gg/ml ao mesmo tempo contra *G. lamblia* **Figura** (3.5). Além disso, estes resultados obtidos neste estudo são semelhantes aos estudos realizados para a atividade anti-helmíntica por Bachayaa , *et al.*, (2009) que utilizaram diferentes partes de *A. nilotic* (fruto). Também são semelhantes aos estudos realizados para a atividade antimalárica por Ali *et al.*, (2010) & Tahir *et al.*, (1999), que utilizaram diferentes partes de *A. nilotic* (raiz). A atividade promissora da planta neste estudo pode ser explicada pelos constituintes químicos - alcalóides, óleos essenciais voláteis, fenóis e glicosídeos fenólicos, resinas, oleosinas, esteróides, taninos e terpenos (Banso, 2009), fitoesteróis, óleos fixos, gorduras, compostos fenólicos, flavonóides e saponinas (Ogbadoyi, *et al.*, 2011).

O extrato etanólico de *A. digitata* (folhas) mostrou uma inibição de 100% a uma concentração de 500 gg/ml após 96 h; o que foi comparado com o Metronidazol que deu uma inibição de 96% a uma concentração de 312,5 gg/ml ao mesmo tempo contra *G. lamblia* **Figura** (3.6).

O extrato etanólico de *C. rotundus* (planta inteira) mostrou uma inibição de 100% a uma concentração de 500 gg/ml após 96 h; o que foi comparado com o Metronidazol que deu uma inibição de 96% a uma concentração de 312,5 gg/ml ao mesmo tempo contra *G. lamblia* **Figura** (3.7).

Além disso, estes resultados obtidos neste estudo são semelhantes aos estudos realizados para a atividade antimalárica por Thebtaranonth e Thebtaranont (1995) e o rastreio abrangente anterior de plantas medicinais sudanesas para a sua atividade antiprotozoária (Samia *et al.*, 2004; Ali *et al.*, 2002; Koko, 2005).

O extrato etanólico de *N. sativa* (sementes) mostrou 100% de inibição a uma concentração de 500 gg/ml após 96 h; o que foi comparado com o Metronidazol que deu 96% de inibição a uma concentração de 312,5 gg/ml ao mesmo tempo contra *G. lamblia* **Figura** (3.8). Além disso, estes resultados obtidos neste estudo são semelhantes a estudos realizados para a atividade anti-helmíntica contra *Schistosoma* *mansoni* por Mahmoud *et al.*, (2002); ElShenawy *et al.*, (2008), também semelhantes a estudos realizados para a atividade anti-helmíntica contra *Hymenolepis nana* (Ayaz *et al.*, 2007).

A atividade promissora da planta neste estudo pode ser explicada pelos constituintes químicos - contém três flavonóides, nomeadamente quercetina e kaempferol 3- glucosil (1-2) galactosil (1-2) glusosídeo e quercitina -3-(6-ferulolil glucosil) (1-2) galactosil (1-2) glucosídeo (Merfort *et al.*, 1997).

4.4 Atividade antioxidante de algumas plantas medicinais sudanesas:

As actividades de eliminação de radicais das amostras de plantas foram determinadas utilizando o ensaio de eliminação de radicais DPPH e de quelação de ferro.

Para explicar os benefícios para a saúde atribuídos a ambas as plantas focadas no presente trabalho, foram realizados testes de atividade antioxidante para o extrato etanólico das folhas de *A. digitata* e o extrato etanólico de A. digitata através de DPPH e ensaios de quelação de ferro. O nosso estudo confirma e verifica o estudo anterior de Oloyede et al. (2010) que explorou a atividade antioxidante da planta *A. digitata*, no qual o autor previu uma atividade antioxidante moderada a baixa utilizando hexano, acetato de etilo e água, tendo a previsão de uma atividade elevada sido obtida utilizando buanol (Oloyede *et al.*, 2010).

Todos os extractos etanólicos das plantas apresentaram uma boa atividade antioxidante (DPPH) (13 a 70%). Normalmente, uma elevada atividade de eliminação de DPPH de *Cyperus rotundus* deu (70 ± 0,10), *Acacia nilotica* deu (65 ± 0,04), *Nigella sativa* (60 ± 0,05), e *Adansonia digitata* (13 ± 0,03). Também a atividade quelante de ferro das plantas, deu uma atividade moderada de quelante de ferro (13 a 40%). Uma elevada atividade de eliminação de DPPH de *Cyperus rotundus*, *Acacia nilotica* e *Nigella sativa* produz ((40 ± 0,02); (30 ± 0,02) e (13 ± 0,03)) respetivamente. Enquanto os extractos etanólicos de *Adansonia digitata* mostraram uma fraca atividade quelante de ferro (inativa). **Tabela** (3.2).

4.5 Citotoxicidade de algumas plantas medicinais sudanesas:

A citotoxicidade utilizando o brometo de 3- (4, 5-dimetiltiazol-2-il)-2, 5-difenil tetrazólio (MTT) da linha celular Vero, enquanto o triton-x100 foi utilizado como padrão (controlo).

A concentração máxima utilizada na nossa experiência de estudo foi de 500 pg/mL, como se mostra na tabela acima **Tabela** (3.3), que indica a % de inibição do crescimento da linha celular Vero *in vitro* pelo extrato etanólico das plantas. Foi utilizado o ensaio colorimétrico MTT. Leitura em triplicado para diferentes concentrações 125-500 pg/mL.

Curiosamente, os ensaios de citotoxicidade foram realizados neste estudo para avaliar os efeitos citotóxicos do extrato etanólico das plantas, utilizando o ensaio MTT (linha celular Vero).

A exanição de citotoxicidade de todas as plantas do ensaio MTT verificou a segurança do extrato examinado, mostrou um $IC_{50} >100^{(\mu g/ml)}$ que está a verificar a segurança da planta.

4.6 Conclusões e recomendações:

4.6.1 Conclusões:

Este estudo foi concebido para destacar os riscos associados ao aparecimento da amebíase e da giardíase como causas dos principais problemas de saúde no Sudão. Para além disso, foram avaliados alguns medicamentos alternativos tradicionais baratos e seguros, tais como plantas.

As principais conclusões do estudo podem ser resumidas nos seguintes pontos:

1- Todas as plantas investigadas exerceram actividades anti-amebianas e antigiardiais dependentes de concentrações variáveis.

2- Todas as amostras investigadas mostraram ser agentes antiprotozoários tão potentes como o metronidazol.

3- Os testes antiprotozoários *in vitro* sugeriram que todos os tipos de plantas investigados têm o poder de matar trofozoítos de *E. histolytica* e trofozoítos de *G. lamblia* num período mais curto (96 horas).

4- Todas as amostras de plantas estudadas não têm citotoxidade letal comprovada, nem nas linhas celulares do macaco verde africano (ensaio MTT).

5- Todas as amostras de plantas estudadas apresentaram capacidades antioxidantes variáveis de acordo com o teste de eliminação do radical DPPH.

4.6.2 Recomendações:

1- O consumo rotineiro de plantas como medida profiláctica ajuda a livrar-se de algumas doenças parasitárias intestinais.

2- O estudo demonstrou claramente que as plantas são uma fonte rica de substâncias anti-amoébicas, anti-giardiais e anti-oxidantes. Outras investigações fitoquímicas e biológicas das outras plantas.

3- Recomenda-se vivamente a realização de mais estudos *in vivo* sobre a atividade antiprotozoária das plantas, bem como sobre as vias e o modo de ação das plantas nos parasitas-alvo.

CAPÍTULO 5: REFERÊNCIAS

Abdulkarim A., Sadiq Y., Gabriel O. A., Abdulkadir U. Z. e Ezzeldin M. A. (2005). Avaliação de cinco plantas medicinais utilizadas no tratamento da diarreia na Nigéria. Journal of Ethnopharmacology, 101:27-30.

Acharya D. e Shrivastava A. (2008). Indigenous Herbal Medicines: Tribal Formulations and Traditional Herbal Practices, Aavishkar Publishers Distributor, Jaiour-india.

Ackers J. P. e Mirelman D. (2006). Progresso na investigação da patogénese *da Entamoeba histolytica*. Curr. Opin. Microbiol, 9:367-373.

Adam R. D. (2001). Biologia de *G. lamblia*; Clin. Microbiol. Rev., 14:447-475.

Addy P. A. K., Antepim G. e Frimpong E. H. (2004). Prevalência de *Escherichia coli* patogénica e parasitas em bebés com diarreia em Kumasi, Gana. E Afr. Med J., 81(7):353-357.

Adl S. M., Simpson A. G., Farmer M. A., Andersen R. A., Anderson O. R., Barta J. R., Bowser S. S., Brugerolle G., Fensome R. A., Fredericq S., James T. Y., Karpov S., Kugrens P., Krug J., Lane C. E., Lewis L. A., Lodge J., Lynn D. H., Mann D. G., McCourt R. M., Mendoza L., Moestrup O., Mozley-Standridge S. E., Nerad T. A., Shearer C. A., Smirnov A. V., Spiegel F. W e Taylor M. F. (2005). The new higher level classification of eukaryotes with emphasis on the taxonomy of protists. J. Eukaryot. Microbiol., 52:399-451.

Agrawal S., Kulkarni G.T. e Sharma V.N. (2010). Um Estudo Comparativo sobre a Atividade Antioxidante dos Extractos Metanólicos de *Acacia nilotica* e *Berberis chitria*. Avanços em Ciências Aplicadas à Natureza, 4(1):78-84.

Akin E.W. e Jakubowski W. (1986). Transmissão da giardíase pela água potável nos Estados Unidos. Wat. Sci. Tech., 10:219-26.

Akperbekova B. A. (1967). Estudo farmacognóstico do rizoma de *Cyperus retundus*. Farmatsiya, 16(1):43-45.

Aksoy U., Akisu C., Bayram-Delibas S., Ozkoc S., Sahin S., e Usluca S. (2007). Situação demográfica e prevalência de infecções parasitárias intestinais em crianças em idade escolar em Izmir, Turquia. Jornal Turco de Pediatria, 49:278-282.

Ali H., Konig G. M., Khalid S. A., Wright A. D. e Kaminsky R. (2002). Avaliação de plantas medicinais sudanesas selecionadas quanto à sua atividade *in vitro* contra *hemoflagelados*, bactérias selecionadas, HIV-1-RT e inibição da tirosina quinase, e quanto à citotoxicidade. J. Ethnopharmacol, 83:219-228.

Ali A. J., Akanya H. O. e Dauda B. E. N. (2010). A poligaliltanina isolada das raízes de *Acacia nilotica* Del. (Leguminoseae) é eficaz contra *Plasmodium berghei* em ratos. Journal of Medicinal Plants Research, 4(12):1169- 1175.

Ali I. K., Clark C. G., Petri W. A. e Jr. (2008a). Molecular epidemiology of amebiasis. Infect. Genet. E., 8:698-707.

Ali I. K., Hossain M. B., Roy S., Ayeh-Kumi P. F., Petri W. A., Jr., Haque R. e Clark C. G. (2003). Infecções por *Entamoeba moshkovskii* em crianças, Bangladesh. Infeção de Emergência, 9:580-584.

Alsadeg A. M., Koko W. S., Osman E. E. Kabbashi A. S., Dahab M. M., Garbi M. I., Ismail M. A. e Mini Priya R. (2015). Atividade anti-helmíntica *in vitro* do extrato de casca de caule de metanol de *Acacia senegal* contra *Fasciola gigantic*. Revista Internacional de Invenção de Bioquímica e Bioinformática, 3(2):18-22.

Amaral F. M. M., Ribeiro M. N. S., Barbosa-Filho J. M., Reis A. S., Nascimento F. R. F. e Macedo R. O. (2006). Plantas e constituintes químicos com atividade giardicida. Braz. J. Farmacogn., 16:696-720.

Academia Americana de Pediatria, (2000). Livro Vermelho, Relatório do Comité de Doenças Infecciosas, Pp. 252-253.

Amos S., Akah P. A., Odukwe C. J., Gamaniel K. S. e Wambede C. (1999). Os efeitos farmacológicos de um extrato aquoso de sementes *de Acacia nilotica*. Phytotherapy Research, 13:683-685.

Ankarklev J., Jerlstrom-Hultqvist J., Ringqvist E., Troell K. e Svard S. G. (2010). Por detrás do sorriso: biologia celular e mecanismos de doença das espécies de Giardia. Nat. Rev. Microbiol, 8:413-422.

Anónimo (2003). The Wealth of India, Raw materials (A riqueza da Índia, matérias-primas). Nova Deli CSIR 9:37-41.

Anónimo. (1950). A riqueza da Índia: Matérias-primas. II. Direção de Publicações e Informação, C.S.I.R., Nova Deli.

Ardestani A. e Yazdanparast R. (2007). *Cyperus rotundus* suprime a formação de AGE e a oxidação de proteínas num modelo de glicação de proteínas mediada por frutose. Int. J. Biol. Macromol., 41(5):572-578.

Arora S., Kaur K. e Kaur S. (2003). Indian medicinal plants as a reservoir of Protective phytochemicals (Plantas medicinais indianas como reservatório de fitoquímicos protectores). Teratogenesis Carcinog Mutagen, l(1):295-300.

Asolkar L. V., Kakkar K. K. e Chakre O. J. (2005). Glossário de plantas medicinais indianas com princípios activos. Parte I (A-K). Nova Deli NISCAIR e CSIR,10-11.

Asres K., Seyoum A., Veeresham C., Buca F. e Gibbons S. (2005). Agentes anti-HIV de origem natural. *Phytotherapy Research*, 19:557-581.

Ayaz E., Yilmaz H., Ozbek H., Tas Z. e Orunc O. (2007). O efeito do óleo *de Nigella sativa* contra *Aspiculuris tetraptera* e *Hymenolepis nana* em ratos naturalmente infectados. Saudi. Med. J., 28:1654-1657.

Ayeh-Kumi P. F., Quarcoo S., Kwakye-Nuako G., Kretchy J. P., Osafo-Kantanka A. e Mortu S. (2009). Prevalência de Infecções Parasitárias Intestinais entre Vendedores de Alimentos em Accra, Gana. J. Trop. Med. Parasitol, 32(1):1.

Aza N., Ashley S. e Albert J. (2003). Parasitic Infections in Human Communities Living on the Fringes of the Crocker range park, Sabah, Malaysia (Infecções parasitárias em comunidades humanas que vivem na periferia do parque Crocker, Sabah, Malásia). ASEAN Review of Biodiversity & Environmental Conservation (ARBEC).http: // hwww.arbec.com.my/pdf/art II.

Bachayaa H. A., Zafar I e Nisar K. M. (2009) Atividade anti-helmíntica de *Ziziphus nummularia* (casca) e *Acacia nilotica* (fruto) contra *nemátodos Trichostrongylid* de ovinos, J. Ethnopharmacol, 123:325-329.

Badshah L. e Hussain F. (2011). Preferências das pessoas e utilização da flora medicinal local no distrito de Tank, Paquistão. Jornal de Investigação sobre Plantas Medicinais, 5(1):22- 29.

Bailey L. L., Simons T. R., e Pollock K. H. (2004). "Estimando a ocupação do local e a deteção de espécies. Parâmetros de probabilidade para salamandras terrestres", Ecological Applications, 14:692-702.

Bambhole V. D. (1988). Efeito de algumas preparações de plantas medicinais no metabolismo do tecido adiposo, Ancient Sci. Life, 8:117-124.

Banso A. (2009) Investigação fitoquímica e antibacteriana de extractos de casca de *Acacia nilotica. Jornal de Investigação sobre Plantas Medicinais*, 3(2):82-85.

Bargal K. e Bargali S. S. (2009). *Acacia nilotica*: uma planta leguminosa polivalente. Natureza e Ciência, 7(4):11-19.

Beaver P. C., Jung R. C. e Cupp E. W. (1984). Clinical Parasitology. 9 ed. Philadelphia: Lea and Febiger.

Beck D. L., Dogan N., Maro V., Sam N. E., Shao J. e Houpt E. R. (2008). Elevada prevalência de *Entamoeba moshkovskii* numa população de VIH da Tanzânia. Ata. Trop., 107:48-49.

Bemrick W. J. e Erlandsen S. L. (1988). Giardiasis is it really a zoonosis? Parasitology Today, 4:69-71.

Bhatt B. P. e Panwar M. S. (1990). Plantas com potencial de regulação da fertilidade de Garhlwal Himalayas. Journal of Economic Phytochemistry, 1:33-34.

Birdar S., Kangralkar V. A., Mandavkar Y., Thakur M. e Chougule N. (2010). Atividade anti-inflamatória, anti-artrítica, analgésica e anticonvulsivante dos óleos essenciais de cyperus, Int. J. Pharm. Parmaceut. Sci., 2(4):112-115.

Blessmann J., Ali I. K., Nu P. A., Dinh B. T., Viet T. Q., Van A. L., Clark C. G., e Tannich E. (2003). Estudo longitudinal de infecções intestinais por *Entamoeba histolytica* em portadores adultos assintomáticos. J. Clin. Microbiol, 41:4745-4750.

Bown D. (1995). Encyclopaedia of Herbs and their Uses. Dorling Kindersley, Londres. ISBN 0-7513-020-31.

Buret A. G., Mitchell D. G. Muench e Scott K. G. E. (2002b). *Giardia lamblia* perturba a junção apertada ZO-1 e aumenta a permeabilidade em monocamadas epiteliais do intestino delgado humano não transformadas: Efeitos do fator de crescimento epidérmico. Parasitology, 125:11-19.

Buret A. G., Scott K. G. E. e Chin A. C. (2002a). Giardíase: Fisiopatologia e patogénese. In: Giardia: The Cosmopolitan Parasite, eds Olson, B. E., M. E. Olson e P. M. Wallis, CAB International, Wallingford, UK, Pp. 109-125.

Buret A., denHollander N., Wallis P. M., Befus D. e Olson M. E. (1990). Zoonotic potential of *Giardiasis* in domestic ruminants. J. Infect. Dis., 162(1):231-237.

Burrows R. B. (1957). *Endamoeba hartmanni.* Am. J. Hyg., 65:172-188.

Bushra S., Farooq A. e Roman P. (2007). Atividade antioxidante dos componentes fenólicos presentes nas cascas de *Azadirachta indica, Terminalia arjuna, Acacia nilotica,* e *Eugenia jambolana* Lam. Árvores. Food Chemistry, 104(3):1106-1114.

Caballero-Salcedo A., Viveros-Rogel M., Salvatierra B., Tapia-Conyer R., Sepulveda-Amor J., Gutierrez G. e Ortiz-Ortiz L. (1994). Seroepidemiologia da amebíase no México. Am. J. Trop. Med. Hyg., 50:412-419.

Caccio S. M., Beck R., Almeida A., Bajer A. e Pozio E. (2010). Identificação de espécies de Giardia e assembléias de *Giardia duodenalis* por análise de sequência do gene 5.8S rDNA e espaçadores transcritos internos. Parasitologia, Pp. 1-7.

Cavalier-Smith T. (2004). Apenas seis reinos da vida. Proc. Biol. Sci., 271:1251-1262.

Cecilia T., Barbara A. T., Leonardo G. e Sonia C. (2010). Persistências do Uso de Plantas Medicinais em Comunidades Rurais do Chaco Árido Ocidental [Córdoba, Argentina]. Revista Aberta de Medicina Complementar, 2:80-89.

Chakarova B. (2004). Controlo clínico, tratamento e dispensário de pacientes com lambliose. Medicina Búlgara, 12:11-12-87.

Chakarova B., Miteva I. e Stanilova S. (2009). Giardíase em humanos - estudo clínico e diagnóstico. In: Actas da 8ª Conferência Nacional de Parasitologia, Varna, Bulgária, Pp. 52-53.

Chandratre R. S., Chandarana S e Mengi S. A. (2012). Efeito do extrato aquoso de *Cyperus rotundus* na *hiperlipidemia* em modelo de rato, International Journal of Pharmaceutical and Biological Archives, 3(3):598-600.

Chaubal R. e Tambe A. (2006) Isolamento de um novo composto de cadeia linear da *Acacia nilotica*. Ind. J. Chem., 45(B):1231-1233.

Chin A. C., Teoh D. A., Scott K. G. E., Meddings J. B., Macnaughton W. K. e Buret A. G. (2002). *A* indução dependente de estirpe da apoptose de enterócitos por *Giardia lamblia* perturba a função de barreira epitelial de uma forma dependente da caspase-3. Infection and Immunity, 70:3673-3680.

Chopra R. N., Nayar S. L. e Chopra I. C. (2002). Glossário de Plantas Medicinais Indianas ([6] th Ed.). Nova Deli NISCIR, Pp. 2.

Chopra R. N., Nayar S. L. e Chopra I. C. (1986). Glossário de Plantas Medicinais Indianas (Incluindo o Suplemento). Conselho de Investigação Científica e Industrial, Nova Deli.

Clark C. G. e Diamond L. S. (1991a). A estirpe Laredo e outras amebas *do tipo* "*Entamoeba histolytica*" são *Entamoeba moshkovskii*. Mol. Biochem. Parasitol, 46:11-18.

Clark C. G. e Diamond L. S. (2002). Métodos de cultivo de protistas parasitas luminais de importância clínica. Clin. Microbiol. Rev., 15:329-341.

Clark C. G., Espinosa M. C. e Bhattacharya A. (2000). *Entamoeba histolytica:* uma visão geral da biologia do organismo. In. J. I. Ravdin (ed.), Amebiasis. Imperial College Press, Londres, Reino Unido, Pp. 145.

Collins J. P., Keller K. F. e Brown L. (1978). Formas "fantasma" de cistos de *Giardia lamblia* inicialmente diagnosticadas erroneamente como Isospora. Am. J. Trop. Med. Hyg., 27:835-836.

Costa A. O., Gomes M. A., Rocha O. A. e Silva E. F. (2006). Patogenicidade de *Entamoeba dispar* em cultivo xénico e monoxénico em comparação com uma *E. histolytica* virulenta. Rev. Inst. Med. Trop. São. Paulo, 48:245-250.

Craun G. F. (1990). *Giardíase* de origem hídrica; In *Giardíase*. Ed. Meyer E. A. Elsvoer science publisher, B. V. Netherland.

Danciger M. e Lopez M. (1975). Números de Giardia nas fezes de crianças infectadas. Am. J. Trop. Med. Hyg., 24:237-242.

Dib H. H., Lu S. Q. e Wen S. F. (2008). Prevalência de *Giardia lamblia* com ou sem diarreia no Sudeste, Sudeste Asiático e Extremo Oriente. Parasitol. Res., 103(2):239-251.

Djamiatun K. e Faubert G. M. (1998). Citocinas exógenas libertadas por células do baço e da placa de Peyer removidas de ratinhos infectados com *Giardia* muris. Parasite Immunol, 20:27-36.

Dobell C. (1920). The Discovery of the Intestinal Protozoa of Man (A Descoberta dos Protozoários Intestinais do Homem). Proc. R. Soc. Med., 13:1-15.

Duarte M. C., Figueira G. M., Sartoratto A., Rehder V. L. e Delarmelina C. (2005). Atividade anti-Candida de plantas medicinais brasileiras. J. Ethno. pharmacol., 97(2): 305-311.

Duke J. A. e Ayensu E. S. (1985). Medicinal Plants of China Reference Publications, Inc. ISBN 0-917256-20-4.

Dutta S. C. e Mukerji B. (1949). Pharmacognosy of Indian Root and rhizome drug, Manager of Publications Delhi, 148:135-136.

Ekundayo O., Oderinde R., Ogundeyin M. e Biskup E. S. (1991). Constituintes do óleo essencial dos rizomas de *tuberosus* Rottb. Rhizomes. Flav. Fragr. J., 6:261-264.

El Ghazali G. E. B., El Tohami M. S. e El Egami A. A. B. (1994). Medicinal Plants of the Sudan Part III in Medicinal Plants of the White Nile Provinces. Conselho Nacional de Investigação. Khartoum.

Ellison C. A. e Barreto R. W. (2004). Perspectivas para o manejo de plantas daninhas exóticas invasoras utilizando patógenos fúngicos co-evoluídos: uma perspetiva latino-americana Biological Invasions, 6:23-45.

ElShenawy N. S., Soliman M. F. e Reyad S. I. (2008). O efeito das propriedades antioxidantes do extrato aquoso de alho e da *Nigella sativa* como agentes anti-esquistossomose em ratos. Rev. Inst. Med. Trop., 50:29-36.

Erlandsen S. A., Halse e Thompson R. C. A. (1996). Morphological and molecular characterisation of *Giardia* isolated from the straw-necked ibis (*Threskiornis spinicollis*) in Western Australia. The Journal of Parasitology, 82:711-718.

Erlandsen S. L. e Bemrick W. J. (1987). Evidência de uma nova espécie: *Giardia* psittaci. J. of Parasitology, 73:623-629.

Erlandsen S. L., Wells C. L., Feely L. K., Campbell S. R., Keulen H. e Jarroll E. L. (1990). Cultura axénica e caraterização de Giardia ardae da garça-real (Ardae herodias). J. Parasitol, 76:717-724.

Escobedo M. A., Homedes N., Aldana V., Alt K. V., Serrano B. N. e Garcia R. (2003). Avaliação de doenças parasitárias em crianças de cinco comunidades da região fronteiriça do Far West Texas. Departamento de Saúde do Texas Gabinete de Saúde Fronteiriça (TDH), Pp.120.

Espinosa-Cantellano M., Gonzales-Robles A., Chavez B., Castanon G., Arguello C., Lazaro-Haller A., e Martinez-Palomo A. (1998). *Entamoeba dispar*: ultra-estrutura, propriedades de superfície e efeito citopático. J. Eukaryot. Microbiol., 45:265-272.

Fagg C. W. e Mugedo J. Z. A. (2005). *Acacia nilotica* (L.) Willd. ex Delile. In: Jansen, P.C.M. & Cardon, D. (Eds). Registo de Protabase. PROTA (Plant Resources of Tropical Africa / Ressources vegetales de l'Afrique tropicale), Wageningen, Países Baixos.

Fao (1997). Medicinal, culinary and Aromatic plants in the Near East-proceedings of the international Expert meeting, Medicinal, and aromatic plants in Sudan, Medicinal & Aromatic Plants Research Institute (MAPRI).

Farthing M. (1997). A patogénese molecular da giardíase. J. Pediatr. Gastroenterol. Nutr., 24:79-88.

Farthing M. J. G. (1992). *A Giardia* atinge a maioridade; progressos na epidemiologia, imunologia e quimioterapia. J. Antimicrob. Chemother, 30:563-566.

Farzana M. U. Z. N., Al Tharique I. e Sultana A. (2014). Uma revisão das atividades etnomedicinais, fitoquímicas e farmacológicas de *Acacia nilotica* (Linn) willd. Jornal de Farmacognosia e Fitoquímica, 3 (1): 84-90.

Faubert G. (2000). Resposta imunitária a *Giardia duodenalis*. Clin. Microbiol. Rev., 13:35-54.

Faubert G. (2000). Resposta imunitária a *Giardia duodenalis*. Clin. Microbiol. Rev., 13:35-54.

Filice F. P. (1952). Estudos sobre a citologia e a história de vida de uma *Giardia* do rato de laboratório. Univ. Calif. Publ. Zool., 57:53-146.

Flanagan P. A. (1992). *Diagnóstico*, curso clínico e epidemiologia *da Giardia*. A review. Epidemiol. Infect., 102:1- 22.

Fotedar R., Stark D., Beebe N., Marriott D., Ellis J. e Harkness J. (2007). Técnicas de diagnóstico laboratorial para espécies de *Entamoeba*. Clinical Microbiology Reviews, 20:511-532.

Fotedar R., Stark D., Marriott D., Ellis J. e Harkness J. (2008). Infecções por *Entamoeba moshkovskii* em Sydney, Austrália. Eur. J. Clin. Microbiol. Infect. Dis., 27:133-137.

Friedwald W. T., Levy R. I e Fredrickson D. S. (1972). Estimativa da concentração de colesterol de lipoproteínas de baixa densidade no plasma, sem utilização de ultracentrífuga preparativa. Clinical chemistry, 18:499-502.

Fung H. B., e Doan T. (2005). Tinidazol: um agente antiprotozoário nitroimidazol. Clin. Ther., 27:1859-1884.

Garbi M. I., Kabbashi A. S., Osman E. A., Dahab M. M. e Koko W. S. (2015). Atividade antimoébica e citotóxica de extratos de folhas de Bauhinia ruefscens (Lam.). Jornal Internacional de Pesquisa Biológica e Farmacêutica. 6(10): 785-789.

Ghosh S. K., Rogers R. e Samuelson J. (2001). How giardiae swim and divide; Infect. Immun, 69:7866-7872.

Gilani A. H., Shaheen F., Zaman M., Janbaz K. H., Shah B. H. e Akhtar M. S. (1999). Estudos sobre as actividades anti-hipertensiva e antiespasmódica do extrato de metanol das vagens de *Acacia nilotica*. Phytotherapy Research,13:665-669.

Gilani A. H., Shaheen F., Zaman M., Janbaz K. H., Shah B. H. e Akhtar M. S. (1999). Estudos sobre as actividades anti-hipertensiva e antiespasmódica do extrato metanólico de vagens de *Acacia nilotica*. PhytotherapyResearch,13:665-669.

Gill L. S. (1992). Ethanomedical uses of plants in Nigeria (Usos etanomédicos de plantas na Nigéria). Imprensa da Universidade de Benim, Cidade de Benim, Nigéria. Pp. 10-30.

Gillin F. D., Reiner D. S. e McCaffery J. M. (1996). Biologia celular do eucariota primitivo *Giardia lamblia*. Annu. Rev. Microbiol., 50:679-705.

Guinko S. (1991). Etude Surle role des Acacia dans Le development rural au Burkin Faso et au Niger. *Ouagaduogu* (*Mimeo*). 1:6-10.

Gupta M. B., Palit T. K., Singh N. e Bhargava K. P. (1971). Estudos farmacológicos para isolar os constituintes activos de *Cyperus rotundus* que possuem actividades anti-inflamatórias, antipiréticas e analgésicas. Indian Journal of Medical Research 59:76-82.

Hakim A. (2002). Bustanul Mufredat. Parte I. Nova Deli: Idarae Kitabul Shifa, 64-65.

Haque R., Ali I. K. M., Sack R. B., Farr B. M., Ramakrishnan G. e Petri W. A. Jr. (2001). Amebíase e anticorpos IgA da mucosa contra a lectina de aderência de *Entamoeba histolytica* em crianças do Bangladesh. Journal of Infectious Diseases, 183:1787-1793.

Haque R., Mondal D., Duggal P., Kabir M., Roy S., Farr B. M., Sack R. B. e Petri W. A. Jr. (2006). *Entamoeba histolytica* infection in children and protection from subsequent amebiasis. Infect. Immun, 74:904-909.

Harborne J. B. (1984). Phytochemical methods. 2ª Ed. Nova Iorque, Chapman Hall. 4:4-7.

Harborne J. B., Williams C. A. e Wilson K. L. (1982). Flavonóides em folhas e inflorescências de espécies australianas de *Cyperus*. Phytochemistry, 21:2491-2507.

Heresi G. e Cleary T. G. (1997). *Giardia*. Ped. in Rev., 18(7):243-247.

Heyworth M. F. (1992). Immunology of *Giardia* and *Cryptosporidium* Infections (Imunologia das Infecções *por Giardia* e *Cryptosporidium*). J. Infect. Dis., 166(3):465-472.

Hiba A., Ko'nig G. M., Khalid S. A., Wright A.D. e Kaminsky R. (2002). Avaliação de plantas medicinais sudanesas selecionadas quanto à sua atividade in vitro contra hemoflagelados, bactérias selecionadas, HIV-1-RT e inibição da tirosina quinase, e quanto à citotoxicidade. *Journal of Ethnopharmacology* 83:219-228.

Holm L. G., Plucknett D. L., Pancho J. V., e Herberger J. P. (1977). The world's worst weeds, distribution and biology (As piores ervas daninhas do mundo, distribuição e biologia). East-West Center.

Hopkins R. M., Meloni B. P., Groth D. M., Wetherall J. D., Reynoldson J. A. e Thompson R. C. A. (1997). A sequenciação do ARN ribossómico revela diferenças entre os genótipos de isolados de *Giardia* recuperados de humanos e cães que vivem na mesma localidade. The Journal of Parasitology, 83:44-51.

Huda I. M. A. (2007). Avaliação bioquímica e atividade antimicrobiana do óleo de sementes de cinco espécies da família Combretaceae.Athesis of M.Sc Department of Biochemistry, College of Applied and industrial Science, University of Juba, Sudan.

Hunter P. R., Hughes S., Woodhouse S., Raj N., Syed Q., Chalmers R. M., Verlander N. Q. e Goodacre J. (2004). Health sequelae of human.

Hussein G., Miyashiro H., Nakamura N., Hattori M., Kawahata T. e Otake T. (1999). Efeitos inibitórios dos extractos de plantas do Sudão na replicação do HCV-1 e na protease do HCV-1. *Phytotherapy Research*, 13:31-36.

Huston C. D. e Petri W. A. Jr. (2001). Protozoários intestinais emergentes e reemergentes; Curr. Opin. Gastroenterol, 17:17-23.

Jackson T. F. (1998). *Entamoeba histolytica* e *Entamoeba dispar* são espécies distintas; evidência clínica, epidemiológica e serológica. Jornal Internacional de Parasitologia, 28:181-186.

Jackson T. F., Anderson C. B. e Simjee A. E. (1984). Diferenciação serológica entre infecções passadas e presentes na amebíase hepática. Transação da Sociedade Real de Medicina Tropical e Higiene. 78:342-345.

Jarroll E. L., Mulle P. J., Meyer F. A. e Morse S. A. (1981). Lipid and carbohydrate metabolism of Giardia lamblia. Mol. Biochem. Parasitol, 2:187- 196.

Jebasingh D., Venkataraman S., JacksonD . D., Emerald B. S. (2012). Estudos físico-químicos e toxicológicos da planta medicinal *Cyperus rotundus* L (Cyperaceae), International Journal of applied Research in natural products, 5(4).

Jeong S. J., Miyamoto T., Inagaki M., Kim Y. C. e Higuchi R. (2000). Rotundines A-C, três novos alcalóides sesquiterpénicos de *Cyperus rotundus*. J. Nat. Prod., 63:673-675.

Jigna P. e Sumitra C. (2006). Actividades Antimicrobianas *In-vitro* de Extractos de *Launaea procumbens* Roxb. (Labiateae), *Vitis vinifera* L. (Vitaceae) e *Cyperus rotundus* L. (Cyperaceae) African Journal of Biomedical Research, 9(2):89-93.

Jirovetz L., Wobus A., Buchbauer G., Shafi M.P. e Thampi P.T. (2004) Análise comparativa dos compostos aromáticos do óleo essencial e do espaço aéreo SPME de raízes/tubérculos de *Cyperus rotundus* L. do Sul da Índia utilizando GC, GC-MS e olfatometria. J. Essent. Oil-Bearing *Plants*.

Jokipii A. M. e Jokipii L. (1977). Prepatency of giardiasis. Lancet, 1:1095-1097.

Joy P. P., Thomas J., Samuel M. e Baby P. S. (1998). Plantas medicinais. Tese. Universidade Agrícola de Kerala, Estação de Investigação de Plantas Aromáticas e Medicinais, Odakkali, Asamannoor P.O., Distrito de Ernaulam, Kerala, Índia.

Jung e Elain C. (2008). African trypanosomiasis (African sleeping sickness), The travel and tropical medicine manual. Saunders/Elsevier, Filadélfia. Pp.419429.

Kabbashi A. S. e Garbi M. I. (2015). Antiamoebic e citotoxicidade do extrato etanólico de folhas de Acacia nilotica (L). Al Ameen Journal of Medical Sciences, 8(2):100-106.

Kabbashi A. S., Koko W. S., Mohammed S. A., Musa N., Osman E. E., Dahab M. M., Fadul Allah E. F. e Mohammed A. K. h. (2014). Actividades amebicidas, antimicrobianas e antioxidantes *in vitro* das plantas *Adansonia digitata* e *Cucurbit maxima*. Avanço na Pesquisa de Plantas Medicinais, 2(3):50-57.

Kabbashi A. S., Garbi M. I., Osman E. E., Dahab M. M., Koko W. S. e Abuzeid N. (2015). Antigiardial e citotoxicidade do extrato etanólico de sementes de *Nigella sativa* (Linn) no Sudão. J. F. P. Indu., 4(2):66-72.

Kapoor K., Chandra M., Nag D, *et al*. (1999). Avaliação da toxicidade do metronidazol: um estudo prospetivo. Int. J. Clin. Pharmacol.Res, 19:83-88.

Karapetyan A. E. (1962). Cultivo *in vitro* de *Giardia duodenalis*. J. Parasitol, 48:337-340.

Karnick C. R. (1992). Avaliação clínica de *Cyperus rotundus* Linn. (motha na obesidade: A randomized double blind placebo controlled trial on Indian patients,

Indian Med., 4(2):7-10.

Katz M., Despommier D. D. e Gwadz, R. (1989). *Entamoeba histolytica,* In: Parasitic Diseases (2nd ED) Springer-Verlag. pp 136-143.

Kean B. H. (1988). A history of Amebiasis, In: Ravdin, J. I. (ed) Amebiasis: human infection by *Entamoeba histolytica,* John Wiley and Sons, Inc., New York, N.Y. Pp. 1-10.

Kempraj V. e Bhat Sumangala K. (2008). Actividades ovicidas e larvicidas dos óleos essenciais de *Cyperus giganteus* Vahl e *Cyperus rotundus* Linn. contra Aedes albopictus (Skuse), Natural Product Radiance, 7(5):416-419.

Khairnar K. e Parija S. C. (2007). Um novo ensaio de reação em cadeia da polimerase (PCR) multiplex aninhado para a deteção diferencial do ADN de *Entamoeba histolytica, E. moshkovskii* e *E. dispar* em amostras de fezes. B.M.C. Microbiol, 7: 47.

Khan R. (2009). Atividade antimicrobiana de cinco extractos de ervas contra estirpes de bactérias e fungos de origem clínica resistentes a múltiplos medicamentos (MDR). Molecules, 14(2):586-597.

Kilani S., Abdelwahed A., Chraief I., Ben Ammar R., Hayder N., Hammami M., Ghedira K. e Chekir-Ghedira L. (2005). Composição química, actividades antibacterianas e antimutagénicas do óleo essencial de *Cyperus rotundus* (tunisino). J. Essent. Oil Res., 17:695-700.

Kilani S., Ben Sghaier M., Limem I., Bouhlel I., Boubaker J., Bhouri W., Skandrani I., Neffatti A., Ben Ammar R., Dijoux-Franca M. G., Ghedira K. e Chekir-Ghedira L. (2008). Avaliação *in vitro* das actividades antibacteriana, antioxidante, citotóxica e apoptótica da infusão de tubérculos e extractos de *Cyperus rotundus*, Bioresour. Technol. , 99(18):9004-9008.

Kilani S., Ledauphin J., Bouhlel I., Ben Sghaier M., Boubaker J., Skandrani I., Mosrati R., GhediraK   ., Barillier D. e Chekir-Ghedira L. (2008). Estudo comparativo do óleo essencial *de Cyperus rotundus* através de um método de análise GC/MS modificado. Avaliação dos seus efeitos antioxidantes, citotóxicos e apoptóticos. Chem. Biodivers. 5:729-742.

Koko S. W. (2005). Atividade antimalárica de *Xanthium brasilicum* Vell*. Abordagens *in vitro, in vivo* e toxicológicas. Recente Prog Med Plants, 15:1-10.

Koko W. S., Mesaik M. A., Yousaf S., Galal M. e Choudhary M. I. (2008). Propriedades imunomoduladoras *in vitro* de plantas medicinais sudanesas selecionadas. J. Ethnopharmacol, 118:26-34.

Komai K. e Tang C. A (1989). Chemotype of *Cyperus rotundus* in Hawaii.

Phytochemistry, 28:1883-1886.

Komai K., Shimizu M., Tang C. T. e Tsutsui H. (1994). Sesquiterpenóides de *Cyperus bulbosus*, *Cyperus tuberosus* e *Cyperus rotundus*. Mem. Fac. Agr. Kinki Univ., 27:39-45.

Kreidl P., Imnadze P., Baidoshvili L. e Greco D. (1999). Investigação de um surto de amebíase na Geórgia. Euro. Surveill, 4(10):103-104.

Kritikar K. R. e Basu B. D. (2003). Indian Medicinal plants with illustrations. Vol 4, Ed 2, Uttaranchal Oriental Press, 1289-1292.

Kritikar K. R. e Basu B. D. (2003). Indian Medicinal plants with illustrations (2nd Ed.), Uttaranchal Oriental Press, 4:1289-92.

Kulda J. e Nohynková E., (1978). Flagelados do intestino humano e do intestino de outras espécies, In: Kreier, J. P. (Ed.) Parasitic protozoa, vol II. Academic Press, Inc., Nova Iorque, N.Y.

Kumar S. V. S. e Mishra H. (2005). Atividade Hepatoprotectora dos Rizomas de *Cyperus Rotundus* Linn Contra a Hepatotoxicidade Induzida pelo Tetracloreto de Carbono. 67:1:84-88

Lasek-Nesselquist E., Bogomolni A. L., Gast R. J., Welch D. M., Ellis J. C., Sogin M. L. e Moore M. J. (2008). Caracterização molecular dos haplótipos de *Giardia intestinalis* em animais marinhos: variação e potencial zoonótico. Dis. Aquat. Organ, 81:39-51.

Lasek-Nesselquist E., Welch D. M. e Sogin M. L. (2010). A identificação de um novo conjunto de *Giardia duodenalis* em vertebrados marinhos e uma análise preliminar da biologia da população de *G. duodenalis* em sistemas marinhos. Int. J. Parasitol, no prelo.

Lauwaet T., Andersen Y., Van de Ven L., Eckmann L., e Gillin F. D. (2010). "Destacamento rápido de trofozoítos *de Giardia lamblia* como mecanismo de ação antimicrobiana da isoflavona formononetina". J. Antimicrob. Chemother, 65(3):531-534.

Lesh F. A. (1975). Desenvolvimento maciço de amebas no intestino grosso. Fedor Aleksandrovich Lesh (Losch). Am. J. Trop. Med. Hyg., 24:383-392.

Levine W. C., Stephenson W. T. e Craun G. F. (1990). Surtos de doenças transmitidas pela água, 1986-1988. CDC Surveillance Summaries, 39:1-13.

Lompo-Ouedraogo Z., Heide van der D., Beek van der, E.M., Swarts, H.J.M., Mattheij, J.A.M. e Sawadogo, L. (2004). Efeito do extrato aquoso de *Acacia nilotica* ssp adansonii na produção de leite e na libertação de prolactina no rato. Jornal de Endocrinologia, 182: 257-266.

Mahesh B. e Satish S. (2008). Atividade antimicrobiana de algumas plantas medicinais importantes contra agentes patogénicos vegetais e humanos. Jornal Mundial de Ciências Agrícolas, 4(S):839-843.

Mahmoud M. R., El-Abhar H. S. e Salh S. (2002). O efeito do óleo *de Nigella sativa* contra os danos no fígado induzidos pela infeção por Schistosoma mansoni em ratos. J. Ethnopharmacol, 79(1):1-11.

Mahmoud, N. A. (2012). Toxoplasmose em relação à infeção por *Entameba Histolytica* e *Giardia Lamblia*. Diyala Journal of Medicine, Pp. 18.

Malviya S., Rawat S., Kharia A. e Verma M. (2011). Atributos medicinais da *Acacia nilotica* Linn. Uma revisão abrangente sobre alegações etnofarmacológicas. Revista Internacional de Farmácia e Ciências da Vida, 2(6): 830-837.

Markell E. K., John D. T., e Krotoski W. A. (1999). Markell &Voges Medical parasitology,8th ed. ,W.B ,Saunders' company (USA), 161-171.

Martinez-Palomo A. e Espinosa-Cantellano M. (1998). Amebas intestinais. In: Cox, F.E.G., Kreier, J.P., Wakeline, D., eds. Topley and Wilson s Microbiology and Microbial Infections, 5(9):157-177.

Mashram N. (2009). Atividade antimicrobiana de extractos de metanol de plantas medicinais contra espécies bacterianas. Revista Internacional de Investigação, 1(3 e 4):147-150.

Mazzio E. A. e Soliman K. F. A. (2009). Triagem *in vitro* para as propriedades tumoricidas de ervas medicinais internacionais, Phytother. Res., 23(3):385-398.

McRoberts K. M., Meloni B. P., Morgan U. M., Marano R., Binz N., Erlandsen S. L., Halse S. A. e Thompson R. C. A. (1996). Morphological and molecular characterisation of *Giardia* isolated from the straw-necked ibis (*Threskiornis spinicollis*) in Western Australia. The Journal of Parasitology, 82:711-718.

Medicinal Plants in the Republic of Korea Organização Mundial de Saúde, Manila (1998). ISBN 92:9061-1200

Merfort I., Wary V., Barakat H., Hussain A. e Nawwar A. M. (1997). Flavonoltriglicosídeos de sementes de *Nigella sativa*. Phytochem. 46(2):359-363.

Meyer E. A. (1990). Taxonomia e nomenclatura. Em Human Parasitic Diseases *Giardiasis*. E. A. Meyer (ed). Elsevier, Amsterdão, Holanda, Pp. 51-60.

Meyer E. A. (1994). *Giardia* como um organismo. In; *Giardiasis*; From molecules to Disease. Ed. Thompson, RCA. Renynoldson. J. A. e Lymbery, A. J. CAB international. Elsevier, Amsterdão, Holanda, Pp. 51-60.

Meyer E. A. (1970). Isolamento e cultivo axénico de trofozoítos de *Giardia* do coelho, chinchila e gato. Exp: Parasitol, 27:179-183.

Mildran D., Gells A. M. e William D. (1977). Transmissão venérea de agentes patogénicos entéricos em homossexuais masculinos - dois relatos de casos. J. A. M. A., 238:1387-1389.

Mintz E. D., Hudson-Wragg M., Mshar P., Cartter M. L. e Hadler J. L. (1993). Foodborne giardiasis in a corporate office setting. J. Inf., 167:250-253.

Mohammed S., (2006). Agentes anticancerígenos de plantas medicinais. Jornal de Farmacologia do Bangladesh 1(2) :35-41

Mohanty R. V., Padhy S. N. e Das S. K. (1996). Fitoterapia tradicional para doenças diarreicas em Ganjan e no distrito de Phulbani de Orissa do Sul, Índia. Ethnobotany, 8:60-65.

Monis P. T. e Thompson R. C. A. (2003). *Cryptosporidium* e *Giardia* - zoonoses: Facto ou ficção. Infeção, Genética e Evolução, 3:233-244.

Nadkarni K. M. (2005). The Indian Plants and Drugs. Nova Deli: Distribuidores de Livros Shrishti, 4:5.

Nadkarni K. M. (2005). Indian Plants and Drugs. Srishti Book Distributors, Nova Deli, 31:151-152.

Nadkarni K. M. (2005). Indian Plants and Drugs. Srishti Book Distributors, Nova Deli, 31:151-152.

Nagpal I., Raj I., Subbarao N. e Gourinath S., (2012). Triagem virtual, identificação e teste *in vitro* de novos inibidores da O-acetil-L-serina sulfidrilase de *Entamoeba histolytica*, p. e30305, PLoS ONE, Matthew Bogyo ed, 7.

Nagulendran K. R., Mahesh R. e Begum V. H. (2007). Preventive role of *Cyperus rotundus* rhizomes extract on age associated changes in glucose and lipids, Pharmacology, 2:318-325

Narayan D. P. e Kumar U. (2005). Agro's Dictionary ofMedicinal Plants. Jodhpur; Updesh Purohit para Agrobios, Pp. 352-353.

Nash T. E., Herrington D. A., Losonsky G. A. e Levine M. M. (1987). Infecções humanas experimentais com Giardia lamblia. J. Infect. Dis., 156:974984.

Natarajan B. e Paulsen B. S. (2000). Um estudo etnofarmacológico do distrito de Thane, Maharashtra, Índia: O conhecimento tradicional comparado com a ciência biológica moderna. Biologia Farmacêutica. 38:139-151.

Nath D., Sethi N., Singh R. K. e Jain A. K. (1992). Plantas abortivas indianas de uso comum, com especial referência aos seus efeitos teratológicos em ratos. *Journal of Ethnopharmacology*, 36:147- 154.

Nathnac,(2004).http://www.nathnac.org/travel/factsheets/pdfs/giardiasis.pdf.

Nazem A. M. E., Nochi Z., Sahebekhtiari N., Rostami Nejad M., Dabiri, H., Zali M.

R., Kazemi B. e Haghighi A. (2010). Discriminação de *Entamoeba moshkovskii* em pacientes com distúrbios gastrointestinais por PCR de uma só ronda. Jpn. J. Infect, 63:136-138.

Ngamrojanavanish N., Manaki S. e Pornpakakul S. (2006). Atividade inibitória de plantas medicinais tailandesas selecionadas sobre a Na+/K+-ATP-ase, Fitoterapia, 77(6):481-483.

Nguyen K. K. (1999). Cyperus L. In: de Padua, L.S., Bunyapraphatsara, N. e Lemmens, R.H.M.J. (Editores). Plant Resources of South-East Asia No. 12(1): Plantas medicinais e venenosas 1. Backhuys Publisher, Leiden, Países Baixos, Pp. 222-229.

Noor Azian M. Y., San Y. M., Gan C. C., Yusri M. Y., Nurulsyamzawaty Y., Zuhaizam A. H., Maslawaty M. N., Norparina I. e Vythilingam I. (2007). Prevalência de protozoários intestinais numa comunidade aborígene em Pahang, Malásia. Trop Biomed, 24:55-62.

Noor Azian M. Y., San Y. M., Gan C. C., Yusri M. Y., Nurulsyamzawaty Y., Zuhaizam, A. H, Maslawaty M. N., Norparina, I. e Vythilingam, I. (2007). Prevalência de protozoários intestinais numa comunidade aborígene em Pahang, Malásia. Trop Biomed, 24:55-62.

Nyarango R. M., Pa A., Ew K., e Bo N. (2008). O risco de infecções patogénicas por parasitas intestinais no Município de Kisii, Quénia. B. M. C. Public. Saúde, 8:237.

Obadiah H. I. (2012). Revisão da pesquisa de *Entamoeba Histolytica* em crianças; um breve foco na situação da Nigéria: Journal of Physiology and Pharmacology Advances, Pp. 156.

Ogbadoyi E. O., Garba M. H., Kabiru A. Y., Mann A. e Okogun J. I. (2011). Avaliação terapêutica do extrato de casca de caule de *Acacia nilotica* (Linn) na tripanossomíase africana experimental. Revista *Internacional* de Investigação Aplicada em Produtos Naturais, 4(2):11-18.

O'Handley R. M., Cockwill C., Jelinski M., McAllister T. A. e Olson M. E. (2000b). Effects of repeat fenbendazole treatment in dairy calves with giardiosis on cyst excretion, clinical signs and production. Vet. Parasitol, 89(3):209-218.

Oladipupo A. L. e Adebola O. O. (2009). Composição Química dos Óleos Essenciais de *Cyperus rotundus* L. da África do Sul, Molecules, 14:2909-2917

Olson M. E., Guselle N. J., O.Handley M. E., Swift M. L., MeAllister T. A., Jellinski M. D. e Morck D. W. (1997). *Giardia* and *Cryptosporidium* in dairy calves in British Columbia. Can. Vet. J., 38(11):703-706.

Ortega Y., e Adam R. (1997). *Giardia*: visão geral e atualização. Clin. Infect. Dis.,

25(3):545-549.

Orwa C., Mutua A., Kindt R., Jamnadass R. e Simons A. (2009). Base de dados Agroforestree: um guia de referência e seleção de árvores versão 4.0 (http://www.worldagroforestry.org/af/treedb/).

Pal D., Dutta S. e Sarkar A. (2009). avaliação das actividades do SNC do extrato etanólico de raízes e rizomas de *Cyperus rotundus* em ratos, Ata Poloniae Pharmaceut Drug Res., 66(5):535-541.

Pande M. B. (1981) Nota sobre o valor nutritivo das sementes (extraídas) de babul (*Acacia nilotica* L.). Indian J. Anim. Sci., 1981, 51(1):107-108.

Patel S., Gheewala N., Suthar A., e Shah A. (2009). Atividade de Citotoxicidade *In-Vitro* do Extrato de Solanum Nigrum Contra a Linha de Células Hela e a Linha de Células Vero. Jornal Internacional de Farmácia e Ciências Farmacêuticas, 1(1):38-46.

Payment P. (1999). Fraca eficácia do desinfetante de cloro residual na água potável para inativar agentes patogénicos transmitidos pela água em sistemas de distribuição. Can. J. Microbiol, 45(8):709-715.

Payne R. J., Turner L. e Morgan E. R. (2009). Medidas inadequadas de saúde da população para doenças parasitárias? Trends Parasitol, 25:393-395.

Petri W. A. (2005). Tratamento da Giardíase. Curr Treat Options Gastroenterol, 8:1317.

Philips S. C., Mildvan D., William D. C., Gelb A. M., e White M. C. (1981). Sexual Transmission of enteric protozoa and helminths in a veneral-disease- clinic population. New England Journal of Medicine, 305:603- 606.

Plutzer J., Ongerth J. e Karanis P. (2010). Taxonomia, filogenia e epidemiologia de Giardia: Factos e questões em aberto. Int. J. Hyg. Environ. Healt, no prelo.

Ponce-macotela M., Peralta-abarca G. E. e Martinez-gordillo M. N. (2005). *Giardia intestinalis* e outros parasitas zoonóticos: prevalência em cães adultos da zona sul da Cidade do México. Vet Parasitol, 131:1-4.

Pritt B. S. e Clark C. G. (2008). Amebiasis. Mayo. Clin. Proc., 83:1154-1159.

Puratchikody A., Devi Nithya C. e Nagalakshmi G. (2006). Atividade de cicatrização de feridas de *cyperus rotundus* linn. Revista Indiana de Ciências Farmacêuticas, 68: 97-101.

Quick R., Paugh K., Addiss D., Kobayashi J. e Baron, R. (1992). Surto de giardíase associado a um restaurante. J. Inf., 166:673-976.

Quinn T. C., Corey L., Chaffee R. G., Schuffler M. D., Brancata F. P., e Holmes K. K. (1981). The etiology of ano-rectal infections in homosexual men (A etiologia das infecções ano-rectais em homens homossexuais). American Journal of Medicine, 71: 395-406.

Rajadurai M., Vidhya V.G, Ramya M. e Bhaskar, A., (2009). Plantas etno-medicinais utilizadas pelos curandeiros tradicionais de pachamalai Hills, Tamilnadu, Índia, Journal of Ethnomedicine. 3(1):39-41.

Rajvaidhya S., Nagori B. P., Singh G. K., Dubey B. K., Desai P. e Jain S. (2012). Uma revisão sobre *Acacia arabica* - uma planta medicinal indiana. Int. J. Pharm. Sci. Res., 3(7):1995-2005.

Ramos F., Moran P., Gonzalez E., Garcia G., Ramiro M., Gomez A., de Leon Mdel C., Melendro E. I., Valadez A. e Ximenez C. (2005). *Entamoeba histolytica* e *Entamoeba dispar*: prevalência de infeção numa comunidade rural mexicana. Exp. Parasitol, 110:327-330.

Ravdin J. I. e Stauffer M. M. (2005). *Entamoeba histolytica* (Amebíase). Em Mendell, G. L., Benneth, J. E. Dolin, R. (ed) Mendell, Doglas e Benneth) 98.

Redondo R. B., Mendez L. M. e Baer G. (2006). *Entamoeba histolytica* e *Entamoeba dispar*. Diferenciação por Enzyme-Linked Immunosorbent Assay (ELISA) e sua correlação clínica em pacientes pediátricos. Parasitologia Latinoamericana, 61:37-42.

Rendtorff R. C. (1954a). A transmissão experimental de protozoários parasitas intestinais humanos. I. Cistos de *Entamoeba coli* administrados em cápsulas. Am. J. Hyg., 59:196-208.

Rendtorff R. C. (1954b). A transmissão experimental de protozoários parasitas intestinais humanos. II. Cistos de *Giardia lamblia* administrados em cápsulas. Am. J. Hyg., 59:209-220.

Richard J., Lamont M. S. L., Robert A., Burne Donald J. e Le B. (2006). Antibiotics and Treatment of Infectious Diseases (Antibióticos e tratamento de doenças infecciosas). Oral Microbiology and Immunology Washington, DC: ASM Press; pp 393-422.

Rivera W. L., Yason J. A. e Adao D. E. (2010). Infecções por *Entamoeba histolytica* e E. dispar em macacos em cativeiro (Macaca fascicularis) nas Filipinas. Primates, 51:69-74.

Rose J. B. e Slifko T. R. (1999). *Giardia, Cryptosporidium*, e *Cyclospora* e o seu impacto nos alimentos: uma revisão. J. Food Protection, 62(9):1059-1070.

Rushd I. (1987). Kitabul Kulliyat. Vol 2, Nova Deli: CRUM, 56, 114-117, 210, 222, 259.

Sackey M. E., Weigel M. M. e Armijos R. X. (2003). Preditores e consequências nutricionais de infecções parasitárias intestinais em crianças equatorianas rurais. Jornal de Pediatria Tropical, 49:17-23.

Said H. M. (1997). Farmacopeia Hamdard de medicina oriental (2ª Ed.). Publicações Sri Satguru, Nova Deli, 353.

Saini M. L. (2008). Estudos comparativos farmacognósticos e antimicrobianos de espécies de *Acacia* (Mimosaceae). Journal of Medicinal Plants Research, 2(12):378- 386.

Saklatvala T. (1993). Milestones in parasitology. Parasitologia. Hoje, 9:347-348.

Salman K., Ran J. C., Dong U. L. e Yeong S. K. (2011). Derivados de sesquiterpeno isolados de *Cyperus rotundus* L., sinalização inflamatória mediada por NFxB, N atural Product Sciences, 17 (3), 250-255.

Samaranayake L. P. (2006). Quimioterapia antimicrobiana. Essential Microbiology for Dentistry Philadelphia, PA: Churchill Livingstone Elsevier, Pp. 67-76.

Samia H. A., Elmalik K. H., Khalid H. S., Ashamat A. M., Khojali S. M. E. (2004). Alterações imunoquímicas em taxas experimentalmente infectadas com Trypanosoma evansi. Jornal de avanços veterinários e animais, 3(7):483- 486.

Samie A., Obi L. C., Bessong P. O., Stroup S., Houpt E. e Guerrant R. L. (2006). Prevalência e distribuição de espécies de *E. histolytica* e *E. dispar* na região de Venda, Limpopo, África do Sul. Am. J. Trop. Med. Hyg., 75:565-571.

Samuel L., Stanley J., Sharon L. e Reed (2001). Micróbios e toxina microbiana: paradigmas para a mucosa microbiana. Interações VI. *Entamoeba histolytica* : interações parasita-hospedeiro. Am. J. Phy. Gastrointest. Liver physiol., 2806:10491054.

Santos H. L., Bandea R., Martins L. A., de Macedo H. W., Peralta R. H., Peralta J. M., Ndubuisi M. I. e da Silva A. J. (2010). Identificação diferencial de Entamoeba spp. com base na análise do rRNA 18S. Parasitol. Res., 106:883888.

Scorza R., Ravelonandro M., Malinowski T., Cambra M. e Minoiu N. (2004). Potencial de utilização de ameixas transgénicas resistentes à infeção no campo do Plum pox virus. Ata. Hortic. (Haia), 657:321-324.

Scott K. G. E., Meddings J. B., Kirk D. R., Lees-Miller S. P. e . Buret A. G., (2002). Intestinal infection with *Giardia* spp. Reduces epithelial barrier function in a myosin light chain kinase-dependent fashion. Gastroenterology, 123:11791190.

Sehgal D., Bhattacharya A. e Bhattacharya S. (1996). Patogénese da infeção por *Entamoeba histolytica*. J. Biosci, 21(3):423-432.

Seigler D. S. (2003). Fitoquímica de Acacia-sensu *lato*. Biochem. Syst. Ecology, 31(8): 845-873.

Sekagya Y. H., Lucy F., Eunice G. (2006). A Clinical Guide to Suppotive and Palliative Care for HIV/AIDS in sub-saharan Africa.chap.15,Traditional medicine.

Seo W. G., Pae H. O., Oh G. S., Chai K. Y., Kwon T. O., Yun Y. G., *et al.,* (2001). Efeitos inibitórios do extrato de metanol dos rizomas de *Cyperus rotundus* Linn. Linn. sobre a produção de óxido nítrico e superóxido pela linha celular de acrófagos murinos, células RAW 264.7. J. Ethnopharmacol. 76(1):59-64.

Sharma R. e Gupta R. (2007). O extrato de *Cyperus rotundus* inibe a atividade da acetilcolinesterase de animais e plantas, bem como inibe a germinação e o crescimento de plântulas em trigo e tomate, Life Sciences, 80:23892392.

Shetty N., Narasimha M., Elliott E., Raj I. S. e Macaden R. (1992). Seroprevalência específica da idade de amebíase e Giardíase em bebés e crianças do sul da Índia. Journal of Tropical Paediatrics, 38:57-63.

Shivakumar S. I., Suresh H. M., Hallikeri C. S., Hatapakki B. C., Handiganur J. S., Kuber S. e Shivakumar B. (2009). Efeito anticonvulsivo dos rizomas de *Cyperus rotundus* Linn. em ratos, J. Nat. Rened., 9(2):192-196.

Siddhuraju P, Vijayakumari K, Janardhanan K (1996) Chemical composition and nutritional evaluation of an underexploited legume, *Acacia nilotica* (L.) Del. *Pharma nutrition*, 57(3):385-391.

Silberman J. D., Clark, C.G., Diamond L.S. e Sogin M. L. (1999). Filogenia dos géneros *Entamoeba* e *Endolimax* deduzida a partir de sequências de RNA ribossómico de pequenas subunidades. Mol. Biol. Evol., 16:1740-1751.

Simpson A. G., Roger A. J., Silberman J. D., Leipe D. D., Edgcomb V. P., Jermiin L. S., Patterson D. J. e Sogin M. L. (2002). História evolutiva de "early- 111 eucariotas "divergentes": O táxon escavado Carpediemonas é um parente próximo de *Giardia.* Molecular Biology and Evolution, 19:1782-1791.

Singh N., Kulshrestha V. K., Gupta M. B. e Bhargava K. P., (1969). Estudos farmacológicos sobre *Cyperus rotundus* , Indian J. Pharm., 1(2):9.

Singh N., Kulshrestha V. K., Gupta M. B. e Bhargava K. P. (1970). Um estudo farmacológico de Cyperus rotundus, Indian J. Med. Res., 58:103-109.

Singh R., Singh B. e Singh S. (2008) Actividades anti-radicais livres do kaempferol isolado da *Acacia nilotica* (L.) Willd. Ex. *Toxicologia in Vitro*, 22(8): 1965-1970.

Singh B. N., Singh B. R., Singh R. L., Prakash D., Sarma B. K. e Singh H. B. (2009). Antioxidant and anti-quorum sensing activities of green pod of *Acacia nilotica* L. *Food and Chemical Toxicology*, 47:778-786.

Singh N. e Gilca M., (2010). Herbal Medicine - Science embraces tradition - A new insight into the ancient Ayurveda, Lambert Academic Publishing, Germany, Pp.

139-148.

Singh N. e Mittal H. C. (1974). In: Medicinal Plants, Vol. I, de V Ramalingam (Ed), MSS Information Corporation, Nova Iorque, EUA.

Singh N., Singh S. P., Dixit K. S., Saxena R. C. e Kohli R. P. (1986). A placebo controlled clinical trial of *Cyperus rotundus*, *Withania somnifera* and their combination in cases of rheumatoid arthritis, Proc International Seminar on Clinical Pharmacology in Developing Countries, Lucknow, India, 2:18-21

Singh R., Singh B., Singh S., Kumar N., Kumar S. e Arora S. (2010). Umbelliferone - Um antioxidante isolado de Acacia nilotica (L.) Willd. Ex. Del. Food Chemistry, 120: 825-830.

Singh S. e Sharma S. K. (2005). Indian J. Nat. Prod., 21(1):16-17.

Solomon-Wisdom G. O. e Shittu G. A. (2010). Actividades antimicrobianas e fitoquímicas *in vitro* do extrato de folhas de *Acacia nilotica*. Jornal de Investigação sobre Plantas Medicinais, 4:1232-1234.

Sonibare M. A. e Gbile Z. O. (2008). *A Acacia nilotica* é boa para o tratamento da asma. Jornal Africano de Medicina Tradicional, Complementar e Alternativa, 5(4):345.

Sonwa M. M. e Konig W. A. (2001) Estudo químico do óleo essencial de *Cyperus rotundus* . Phytochemistry. 58(5):799-810.

Sociedade Científica de Ervas Daninhas do Sul (1995). Weeds of the United States. Disco compacto para Windows® 3.1 ou Windows® 95 ou superior. 1508 W. University Avenue, Champaign, Illinois. FICMNEW (Federal Interagency Committee for the Management of Noxious and Exotic Weeds) 1997. Invasive plants - changing the landscape of America (Plantas invasoras - mudando a paisagem da América).

Sri Ranjani S. e Prince J. (2012). Estudo físico-químico e fitoquímico do rizoma de *Cyperus rotundus* Linn. Jornal Internacional de Farmacologia e Tecnologia Farmacêutica (IJPPT), 1(2):42-46.

Stanley S. L. Jr. (2003). Amoebíase. Lancet, 361:1025-1034.

Stensvold C. R., Lebbad M., Verweij J. J., Jespersgaard C., von Samson-Himmelstjerna G., Nielsen S. S. e Nielsen, H. V. (2010b). Identificação e delineamento de membros do *complexo Entamoeba* por pirosequenciamento. Mol. Cell. Probes, no prelo.

Sultana B., Anwar F. e Przybylski R. (2007). Atividade antioxidante de componentes fenólicos presentes em cascas de *Azadirachta indica*, *Terminalia arjuna*, *Acacia nilotica*, e *Eugenia jambolana* Lam. Árvores. *Food Chemistry*, 104(3): 11061114.

Sundaram M. S., Sivakumar T. e Balamurugan G. (2008). Efeito anti-inflamatório das folhas de *Cyperus rotundus* Linn. Leaves on acute and sub acute inflammation in experimental rat models. Biomedicina, 28:302-304.

Syed Z. H., Riffat N. M., Mubashera J. e Sadia B. (2008). Propriedades etonobotânicas e utilização de plantas medicinais do parque de biodiversidade de Morgah, Rawalpindi Pakistan Journal of Botany, 40(5):1897-1911.

Sykora J. L., Bancroft W. D., Brunwasser A. H., States S. J., Shapiro M. A., Boutros S. N. e Conley L. F. (1988). Monitoring as a tool in waterborne giardiasis prevention. Advances in *Giardia* Research, Pp. 103-106.

Tahir A. E. Satti G. M. H. e Khalid S. A (1999) Antiplasmodial Activity of Selected Sudanese Medicinal Plants with Emphasis on *Acacia nilotica*. Phytother. Res., 13:474-478.

Tanyuksel M., Ulukanligil M., Guclu Z., Araz E., Koru O. e Petri W. A. (2007). Dois casos de infeção raramente reconhecida com *Entamoeba moshkovskii*. Am. J. Trop. Med. Hyg., 76:723-724.

Tapsell L.C., Hemphill I. e Cobiac L. (2006). Health benefits of herbs and spices: the past, the present, the future" [Benefícios das ervas e especiarias para a saúde: o passado, o presente e o futuro]. Med. J. Aust. 185(4): S4-24.

Thanabhorn S., Jaijoy K., Thamaree S., Ingkaninan K. e Panthon A. (2005). Toxicidade aguda e subaguda do extrato de etanol dos rizomas de *Cyperus rotundus* Linn., Jornal de Ciências Farmacêuticas da Universidade de Mahidol, 32(1-2):15-22.

Thebtaranonth C. e Thebtaranont Y. (1995). Sesquiterpenos antimaláricos de tubérculos de *Cyperus rotundus*: estrutura de 10,12- peroxycalamenene, um endoperóxido de sesquiterpeno. Phytochemistry, 40(1):125-128.

Thielman N. M. e Guerrant R. L. (1998). Diarreia persistente no viajante de regresso. Inf. Dis. Clin. N. Amer., 12(2):489-501.

Thompson R. C. (2004). O significado zoonótico e a epidemiologia molecular da *Giardia* e da *Giardíase*. Vet. Parasitol, 126:15-35.

Thompson R. C. A. (1998). Infecções *por Giardia*. In: Zoonoses: Biology, Clinical Practice and Public Health Control. Eds Palmer, S. R., E. J. L. Soulsby e D. I. H.Simpson, Oxford University Press, Oxford, Pp. 545-561.

Thompson R. C. A. (2000). Giardíase como doença infecciosa reemergente e seu potencial zoonótico. International Journal for Parasitology, 30:1259-1267.

Thompson R. C. A. (2002). Para uma melhor compreensão da especificidade do hospedeiro e da transmissão de *Giardia*: O impacto da epidemiologia molecular. In: *Giardia: The Cosmopolitan Parasite*. eds Olson, B. E., M. E. Olson e P. M. Wallis, CAB International, Wallingford, UK, pp 55-69.

Thompson R. C. A., Lymbery A. J. e Meloni B. P. (1990). Genetic variation in *Giardia* kunstler, (1982) Taxonomic and epidemiological significance protozoologocal abstracts, 14:1-28.

Thompson R. C. A., Reynoldsin J. A. e Mendis A. H. W. (1993). Goardoa e *Giardíase*. Advances in Parasitol, 32:71-160.

Traub R. J., Monis P. T., Robertson I., Irwin P., Mencke N. e Thompson R. C. (2004). Epidemiological and molecular evidence supports the zoonotic transmission of *Giardia* among humans and dogs living in the same community. Parasitology, 128:253-262.

Uddin S. J., Mondal K., Shilpi J. A. e Rahnan M. T. (2006). Atividade antidiarreica de *Cyperus rotundus*. *Fitoterapia*, 77(2):134-13.

Upcroft P. e Upcroft J. A. (2001). Alvos de medicamentos e mecanismo de resistência nos protozoários anaeróbios. Clin. Microbiol. Rev., 14:150-164.

Van Keulen H. P. T., Macechko S., Wade S., Schaaf P., Wallis M. e Erlandsen S. L. (2002). A presença de *Giardia* humana em animais domésticos, de criação e selvagens, e em amostras ambientais sugere um potencial zoonótico para a Giardíase. Vet. Parasitol, 108(2):97-107.

Verweij J. J., Laeijendecker D., Brienen E. A., van Lieshout L. e Polderman A. M. (2003). Deteção e identificação de espécies de *entamoeba* em amostras de fezes através de um ensaio de hibridação em linha inversa. J. Clin. Microbiol, 41:5041-5045.

Verweij J. J., Polderman A. M. e Clark C. G. (2001). Genetic Variation among Human Isolates of Uninucleated Cyst-Producing Entamoeba Species (Variação Genética entre Isolados Humanos de Espécies de Entamoeba Produtoras de Cistos Uninucleados). J. Clin. Microbiol, 39:1644-1646.

Virk A. (2008). Amebiasis, Giardiasis and other intestinal protozoan infections, The travel and tropical medicine manual, Philadelphia. Pp. 448- 466.

Wahlgren M. (1991). *Entamoeba coli* como causa de diarreia? Lancet, 337:675.

Walsh J. A. (1986). Problemas no reconhecimento e diagnóstico da amebíase: Estimativa da magnitude global da morbidade e mortalidade. Revisão de Doenças Infecciosas, 8:228-238.

Washington D. C. Ueki K. (1969). Estudos sobre o controlo da noz-moscada (Cyperus rotundus): Sobre a germinação do tubérculo. Pp. 355-370. IN: Actas do segundo intercâmbio de controlo de ervas daninhas da Ásia-Pacífico. Universidade das Filipinas, Los Banos.

Wassel G. M. (1990) Study of phenolic constituents and tannins isolated from *Acacia nilotica* L. Willd and *Acacia farnesiana* L. Willd growing in Egypt". Herba Hungarica, 29(1,2):43-49.

Weniger B. G., Blaser M. J., Gedrose J., Lippy E. C. e Juranek D. D. (1983). Um surto de giardíase transmitida pela água associado a um forte escoamento de água devido ao clima quente e à queda de cinzas vulcânicas. Am. J. Public Health, 73(8):868-872.

Wery M. (1995). Protozoologie medicale. Universidade De Boeck, Bruxelas.

OMS, (2002). Organização Mundial de Saúde. "Traditional medicine strategy 20022005.

OMS, (2008a). Organização Mundial de Saúde. Ficha de Medicina Tradicional no134.

WLB, (2011). Jardim Botânico do Missouri, Centro William L. Brown.

Wolfe M. S. (1992). Giardíase. Clin. Microbiol. Rev., 5:93-100.

Organização Mundial da Saúde (1997). Amebíase. Registo Epidemiológico Semanal da OMS, 72:97-100.

Organização Mundial de Saúde (1998). Controlo das doenças tropicais. OMS, Genebra.

Organização Mundial de Saúde (2004). Global Burden of Disease. http://www.who.int/healthinfo/global_burden_disease/GBD_report_2004update_part2.pdf.

Xiao L. (1994). Infeção *por Giardia* em animais de criação. Parasitology Today, 10:436-438.

Ximenez C., Cerritos R., Rojas L., Dolabella S., Moran P., Shibayama M., Gonzalez E., Valadez A., Hernandez E., Valenzuela O., Limon A., Partida O. e Silva E. F. (2010). Amebíase humana: quebrando o paradigma? Int J Environ Res. Public. Health, 7:1105-1120.

Ximenez C., Moran P., Rojas L., Valadez A., G0mez A., Ramiro M., Cerritos R., González E., Hernández E. e Oswaldo P. (2011). Novidades sobre a amebíase: A Neglected Tropical Disease Journal of Global Infectious Diseases, 3:166-174.

Yang R., Reid A., Lymbery A. e Ryan U. (2010b). Identificação de genótipos zoonóticos de Giardia em peixes. Int. J. Parasitol, 40:779-785.

Yereli k., Balcioglu I. C., Ertan P., Limoncu E. e Onag A. (2004). Albendazole como agente terapêutico alternativo para a giardíase infantil na Turquia. Clin. Microbiol. Infect., 10:527-529.

Yeung Him-Che (1985). Handbook of Chinese Herbs and Formulas *(*Manual de Ervas e Fórmulas Chinesas*)*. Instituto de Medicina Chinesa, Los Angeles.

Zhu M., Luk H. H., Fung H. S. e Luk C. T. (1997). Efeitos citoprotectores de *Cyperus rotundus* Linn. contra a ulceração gástrica induzida por etanol em ratos. Phytother. Res., 11(5): 392-394.

Zhu M., Luk H. H. Fung H. S. e Luk C. T. (1997). Efeitos citoprotectores de *Cyperus rotundus* contra a ulceração gástrica induzida por etanol em ratos PTR. Phytotherapy Research, 11(5):392-394.

Zlobl T. L. (2001). Amebíase. Primary Care Update for OB/GYNS, 8:65-68.

Zoghbi M. D. G. B., Andrade E. H. A., Carreira L. M. M. e Rocha E. A. S. (2002). Comparação dos mcomponentes dos óleos essenciais de "priprioca": *Cyperus articulatus* var. *articulatusarticulatus* var. *nodosus* L., *C. prolixus* Kunth e *C. rotundus* L. J. Essent. Oil Res., 42-46.

I want morebooks!

Buy your books fast and straightforward online - at one of world's fastest growing online book stores! Environmentally sound due to Print-on-Demand technologies.

Buy your books online at
www.morebooks.shop

Compre os seus livros mais rápido e diretamente na internet, em uma das livrarias on-line com o maior crescimento no mundo! Produção que protege o meio ambiente através das tecnologias de impressão sob demanda.

Compre os seus livros on-line em
www.morebooks.shop

info@omniscriptum.com
www.omniscriptum.com

Printed by Books on Demand GmbH, Norderstedt / Germany